INSTRUCTION

SUR LES

PARATONNERRES,

ADOPTÉE

PAR L'ACADÉMIE DES SCIENCES.

1re Partie, 1823. **M. GAY-LUSSAC** rapporteur.

2e. Partie, 1854. **M. POUILLET** rapporteur.

PARIS,

MALLET-BACHELIER, IMPRIMEUR-LIBRAIRE

DE L'ÉCOLE POLYTECHNIQUE, DU BUREAU DES LONGITUDES,

Quai des Augustins, 55.

1855.

PARIS. — Imprimerie de MALLET-BACHELIER,
Rue du Jardinet, 12.

INSTRUCTION

SUR

LES PARATONNERRES,

RÉDIGÉE PAR UNE COMMISSION COMPOSÉE DE

MM. Poisson, Lefèvre-Gineau, Girard, Dulong, Fresnel, Gay-Lussac rapporteur (1).

Les accidents causés, l'année dernière, par la chute de la foudre sur plusieurs églises ayant déterminé Son Excellence le Ministre de l'Intérieur à réaliser le projet, conçu depuis longtemps, de garnir ces édifices de paratonnerres, elle a invité l'Académie royale des Sciences à rédiger une Instruction dont le but principal doit être de diriger les ouvriers dans la construction et la pose des paratonnerres. La Section de Physique a été chargée, par l'Académie, du soin de faire cette Instruction, et aujourd'hui elle vient la soumettre à son approbation.

---

(1) Adoptée par l'Académie royale des Sciences, le 23 avril 1823.

En cherchant autant qu'il était en nous à répondre aux vues de Son Excellence, nous avons cru devoir rappeler succinctement les principes sur lesquels est fondée la construction des paratonnerres, tant pour éclairer ceux qui seront appelés à la surveiller, que parce qu'ils ne sont pas assez connus, et qu'il est utile de les répandre. L'Instruction renfermera donc deux parties, l'une théorique et l'autre pratique, mais qui seront distinctes l'une de l'autre, et qu'on pourra consulter séparément.

PARTIE THÉORIQUE.

Principes relatifs à l'action de la foudre ou de la matière électrique, et à celle des paratonnerres.

Ce qu'on appelle *la foudre* est l'écoulement subit à travers l'air, sous la forme d'un grand trait lumineux, de la matière électrique dont était chargé un nuage orageux.

La vitesse de la matière électrique en mouvement est immense; elle surpasse de beaucoup celle d'un boulet au sortir du canon, qu'on sait être d'environ 600 mètres (1800 pieds) par seconde.

La matière électrique pénètre les corps, et s'y meut à travers leur propre substance, mais avec une rapidité très-inégale.

On donne le nom de *conducteurs* aux corps qui conduisent ou laissent passer rapidement la matière électrique dans leur intérieur, à travers leurs particules : tels sont le charbon calciné, l'eau, les végétaux, les animaux, la terre, en raison de l'humidité dont elle est imprégnée, les dissolutions salines, et surtout les métaux, qui sont, en cela, très-supérieurs aux autres corps. Un cylindre de fer, par exemple, conduit, dans le même temps, au moins cent millions de fois plus de matière électrique qu'un égal cylindre d'eau pure ; et celle-ci environ mille fois moins que l'eau saturée de sel marin.

Les corps qui ne laissent pénétrer que difficilement la matière électrique entre leurs particules, et dans lesquels elle ne peut se mouvoir avec liberté, sont désignés par le nom de *non conducteurs* ou de *corps isolants :* tels sont le verre, le soufre, les résines, les huiles ; la terre, la pierre et la brique sèches ; l'air et les fluides aériformes.

Parmi les corps conducteurs, il n'en est cependant aucun qui n'oppose quelque résistance au mouvement de la matière électrique. Cette résistance, se répétant dans chaque portion du conducteur, augmente avec sa longueur, et peut devenir plus grande que celle qu'opposerait un conducteur plus mauvais, mais d'une longueur moindre.

La matière électrique éprouve aussi plus de résistance dans un conducteur d'un petit diamètre que dans le même d'un diamètre plus considérable : on peut par conséquent suppléer à l'imperfection de la conductibilité dans les conducteurs, en augmentant convenablement leur diamètre et diminuant leur longueur. Le meilleur conducteur pour la matière électrique est celui qui, en somme, lui offre le moins de résistance, et qu'elle parcourt avec la plus grande vitesse.

Les molécules de la matière électrique sont douées d'une force répulsive en vertu de laquelle elles tendent à se fuir et à se répandre dans l'espace. Elle n'ont aucune affinité pour les corps; elles se portent en totalité vers leur surface, où elles forment une couche très-mince, terminée en dehors par la surface même des corps, et n'y sont retenues que par la pression de l'air, contre lequel, à leur tour, elles exercent une pression proportionnelle, en chaque point, au carré de leur nombre. Lorsque cette dernière pression est devenue supérieure à la première, la matière électrique s'échappe dans l'air en un torrent invisible, ou sous forme d'un trait lumineux que l'on désigne par le nom d'*étincelle électrique*.

La couche formée par la matière électrique au-dessous de la surface d'un conducteur ne renferme pas le même nombre de molécules, ou n'a pas la même densité en chaque point de cette surface, si ce n'est sur la sphère : sur une ellipsoïde de révolution, cette densité est plus grande à l'extrémité du grand axe que sur l'équateur, dans le rapport du grand axe au-petit; à la pointe d'un cône, elle est infinie. En général, sur un corps de forme quelconque, la densité de la matière électrique, et, par conséquent, sa pression sur l'air sont plus grandes sur les parties aiguës ou très-courbes que sur celles qui sont aplaties ou peu arrondies.

La matière électrique tend toujours à se répandre dans les conducteurs et à s'y mettre en équilibre; elle se partage entre eux en raison de leur forme et principalement de l'étendue de leur surface. Il en résulte que, si l'on fait communiquer un corps qui en soit chargé avec la surface immense de la terre, il n'en conservera pas sensiblement. Il suffit donc, pour dépouiller un conducteur de sa matière électrique, de le mettre en communication avec un sol humide.

Si, pour conduire la matière électrique d'un corps dans la terre, on lui présente divers conducteurs dont l'un soit beaucoup plus parfait que les autres, elle le préférera constamment ; mais s'ils ne sont pas très-différents, elle se partagera entre tous, en raison de leur capacité pour la recevoir.

›Un paratonnerre est un conducteur que la matière électrique de la foudre choisit de préférence aux corps environnants pour se rendre dans le sol et s'y répandre ; c'est ordinairement une barre de fer élevée sur les édifices qu'elle doit protéger, et s'enfonçant, sans aucune solution de continuité, jusque dans l'eau ou dans la terre humide. Une communication aussi intime du paratonnerre avec le sol est nécessaire pour qu'il puisse y verser instantanément la matière électrique de la foudre, à mesure qu'il la reçoit, et garantir de ses atteintes les objets environnants. On sait, en effet, que la foudre, parvenue à la surface de la terre, n'y trouve point un conducteur suffisant, et qu'elle s'enfonce au-dessous jusqu'à ce qu'elle ait rencontré un assez grand nombre de canaux pour s'écouler complétement. Quelquefois même elle laisse des traces visibles de son passage à plus de 10 mètres (30 pieds) de profondeur. Aussi arrive-t-il, lorsqu'un paratonnerre offre quelque solution de continuité, ou qu'il n'est pas en parfaite communication avec un sol humide, que la foudre, après l'avoir frappé, l'abandonne pour se porter sur quelque corps voisin, ou au moins qu'elle se partage entre eux, pour s'écouler plus rapidement dans le sol.

La première circonstance s'est présentée, il y a quelques années, dans les environs de Paris. Il s'était opéré par accident, dans le conducteur du paratonnerre d'une maison, une séparation d'environ 55 centimètres (22 pouces), et la foudre, après être tombée sur sa tige, perça le toit pour se porter sur une gouttière en fer-blanc.

MM. Rittenhouse et Hopkinson, dans le quatrième volume des *Transactions philosophiques américaines*, rapportent un exemple remarquable de la deuxième circonstance, ou de l'inconvénient qu'il y a à ne pas établir une communication parfaite entre le paratonnerre et le sol. La foudre avait frappé le paratonnerre, puisqu'elle avait fondu profondément sa pointe, et qu'il était évident, d'après l'inspection du terrain, qu'une portion avait pénétré dans le sol par le conducteur ; mais l'autre portion, n'ayant pu s'écouler assez promptement par la même voie, ravagea le toit pour se porter de la tige du paratonnerre sur une gouttière en cuivre dont elle suivit la conduite, qui était alors pleine d'eau, et lui offrait, par conséquent, un écoulement facile sur la surface du sol.

Avant que la foudre éclate, le nuage orageux, par son influence, fait sortir tous les corps placés au-dessous de lui, à la surface de la terre, de leur état naturel : il attire vers leur partie antérieure la matière électrique de nature contraire à la sienne, et repousse dans le sol celle de même nature. Chaque corps est ainsi dans un état d'intumescence électrique, et devient à son tour un centre d'attraction vers lequel la foudre tend à se porter; c'est celui par lequel passe la résultante de ces attractions particulières qu'elle frappe lorsqu'elle tombe.

Or, pour que la matière électrique développée sur un corps par l'influence de celle du nuage orageux parvienne rapidement à son maximum, et, par conséquent, aussi sa force attractive, il est indispensable qu'il soit bon conducteur et en parfaite communication avec un sol humide.

La matière électrique développée dans le corps à la surface de la terre par l'influence du nuage orageux s'y accumule peu à peu, à mesure que le nuage s'approche de leur zénith, et diminue de même à mesure qu'il s'en éloigne. Un homme, supposé l'un de ces corps, n'éprouverait aucune sensation particulière de cette variation progressive de matière électrique, quoique pouvant être fortement électrisé; mais si le nuage se déchargeait instantanément, il pourrait recevoir, sans être frappé de la foudre, par la rentrée subite dé sa matière électrique dans le sol, une très-vive commotion, qui pourrait être assez forte pour le faire périr.

Dans le moment où un objet est prêt à être frappé de la foudre, il est si fortement électrisé par l'influence du nuage orageux, s'il est en parfaite communication avec un sol humide, que sa, matière électrique peut s'élancer au-devant de celle du nuage et faire une partie du chemin entre le nuage et l'objet. C'est sans doute ce qui a fait penser à quelques personnes, qui croient en avoir fait l'observation, que la foudre, au lieu de tomber des cieux sur la terre, s'élève quelquefois de la terre dans les cieux. Quoi qu'il en soit de cette opinion, qui ne vaut pas d'ailleurs la peine d'être discutée, la théorie et l'efficacité des paratonnerres resteraient absolument les mêmes dans chaque cas.

Dans un paratonnerre en parfaite communication avec le sol, et terminé en une pointe très-aiguë, au lieu d'être arrondi, la matière électrique peut s'accumuler tellement à sa pointe, sous l'influence du nuage orageux, qu'elle ne puisse plus y être retenue par la pression de l'air, et qu'elle s'en échappe en un torrent continu, qui quelquefois devient sensible dans l'obscurité par une aigrette lumineuse à l'extrémité de la pointe, et qui doit certainement neutraliser en partie la matière électrique du nuage orageux (1).

Cependant l'attraction exercée sur la matière électrique du nuage par celle qui est répandue sur le paratonnerre terminé en pointe ne sera pas plus grande que s'il était arrondi à son extrémité, elle sera même plutôt plus petite ; mais si l'écoulement de la matière électrique par la pointe peut devenir très-rapide, la foudre éclatera plus tôt entre le nuage orageux et le paratonnérre, et d'une plus grande distance que si celui-ci était arrondi à son extrémité : c'est au moins à cette conclusion que conduisent les expériences électriques.

Ainsi la forme la plus avantageuse à donner

---

(1) Ces feux électriques se manifestent aussi sur d'autres corps que des paratonnerres. Ils paraissent plus fréquents en mer, sur les bâtiments, que sur terre, et y sont connus sous les noms de *feux Saint-Elme, Castor et Pollux, etc.* Pendant de très-fortes tempêtes, on en a vu quelquefois à l'une des extrémités de la grande vergue, sous la forme d'une langue de feu qui pétillait beaucoup et qui faisait entendre de temps en temps des éclats comme des pétards.

aux paratonnerres paraît être évidemment celle d'un cône très-aigu.

Toutes choses égales d'ailleurs, plus un paratonnerre s'élèvera dans l'air, plus son efficacité sera grande.

Dans les fameuses expériences de Romas, assesseur au présidial de Nérac, et dans les expériences plus récentes de Charles, qui consistaient à élever un cerf-volant sous un nuage orageux, à la hauteur de 200 à 300 mètres, la corde du cerf-volant, dans laquelle était entrelacé un fil métallique, et qui était terminée par un cordon de soie, amenait à la surface de la terre un courant électrique si considérable, qu'il en était effrayant, et qu'il eût été imprudent de s'y exposer (1); or,

---

(1) L'expérience de Romas est si curieuse et si importante pour montrer l'efficacité des paratonnerres, que nous croyons utile de la rapporter.

« Le cerf-volant avait $7\frac{1}{2}$ pieds de hauteur et 3 de largeur. La corde était une ficelle de chanvre dans laquelle était entrelacé un fil de fer, et M. de Romas, l'ayant terminé par un cordon de soie sec, il mit l'observateur, par une disposition particulière de son appareil, en état de faire toutes les expériences qu'il jugea à propos, sans courir aucun danger pour sa personne.

» Au moyen de ce cerf-volant, le 7 juin 1753,

l'action d'un paratonnerre sur la matière électrique d'un nuage orageux étant la même, à l'éner-

---

vers une heure après midi, après qu'il l'eut élevé à
550 pieds de terre au moyen d'une corde de 780 pieds
de long, qui faisait un angle de près de 45 degrés
avec l'horizon, il tira de son conducteur des étincelles de 3 pouces de longueur et 3 lignes d'épaisseur, dont le craquement se fit entendre de près de
200 pas. En tirant ces étincelles, il sentit comme une
espèce de toile d'araignée sur son visage, quoiqu'il
fût à plus de 3 pieds de la corde du cerf-volant; sur
quoi il ne crut pas qu'il y eût de la sûreté pour lui
de rester si proche, et il cria à tous les assistants de
se retirer, et lui-même s'éloigna d'environ 2 pieds.

» Se croyant alors en sûreté et n'ayant plus personne auprès de lui, il porta son attention sur ce
qui se passait dans les nuages qui étaient immédiatement au-dessus du cerf-volant; mais il n'aperçut
d'éclair ni là, ni nulle autre part, ni même le moindre
bruit de tonnerre, et il ne tomba point du tout de
pluie. Le vent, qui venait de l'ouest et était assez
fort, éleva le cerf-volant de 100 pieds au moins plus
haut qu'auparavant.

» Ensuite, jetant les yeux sur le tube de fer-blanc
qui était attaché à la corde du cerf-volant, et à environ 3 pieds de terre, il vit trois pailles, dont une
avait près de 1 pied, la seconde 4 à 5 pouces, et la
troisième 3 à 4 pouces, se lever toutes droites, et
former une danse circulaire comme des marionnettes

gie près, que celle d'un cerf-volant, plus il s'é-
lèvera dans l'air, plus son efficacité sera grande,

---

sous le tube de fer-blanc et sans se toucher l'une
l'autre. Ce petit spectacle, qui réjouit beaucoup plusieurs personnes de la compagnie, dura près d'un
quart d'heure ; après quoi, quelques gouttes de pluie
étant tombées, il sentit encore la toile d'araignée sur
son visage, et en même temps il entendit un bruit
continu, semblable à celui d'un petit soufflet de forge.
Ce fut un nouvel avertissement de l'accroissement de
l'électricité, et dès le premier instant que M. de Romas aperçut sauter la paille, il n'osa plus tirer aucune étincelle, même avec toutes ses précautions, et
il pria de nouveau les spectateurs de s'éloigner encore
davantage.

» Immédiatement après arriva la dernière scène,
et M. de Romas avoua qu'elle le fit trembler. La plus
longue paille fut attirée par le tube de fer-blanc. Sur
quoi il se fit trois explosions dont le bruit ressem-
blait fort à celui du tonnerre. Quelqu'un de la compagnie le compara à l'explosion des fusées volantes,
et d'autres au bruit que ferait une grande jarre de
terre en se brisant contre un pavé. Il est certain
qu'on l'entendit du milieu de la ville, malgré les
différents bruits qui s'y faisaient.

» Le feu qu'on aperçut à l'instant de l'explosion
avait la figure d'un fuseau de 8 pouces de long et
5 lignes de diamètre ; mais la circonstance la plus
étonnante et la plus amusante fut que la paille qui

non-seulement pour défendre de la foudre les objets environnants, mais encore pour soutirer la

---

avait occasionné l'explosion suivit la corde du cerf-
volant. Quelqu'un de la compagnie la vit, à 45 ou
50 brasses de distance, attirée et repoussée alterna-
tivement, avec cette circonstance remarquable, qu'à
chaque fois qu'elle était attirée par la corde, on
voyait des éclats de feu, et on entendait des craque-
ments qui n'étaient cependant pas si éclatants que
dans le moment de la première explosion.

» Il faut remarquer que, depuis le temps de l'explosion jusqu'à la fin des expériences, on ne vit point
du tout d'éclair, et à peine entendit-on du tonnerre.
On sentit une odeur de soufre fort approchante de
celle des écoulements électriques lumineux qui sor-
tent du bout d'une barre de métal électrisée. Il parut
autour de la corde un cylindre lumineux de 3 à
4 pouces de diamètre; et comme c'était pendant le
jour, M. de Romas ne douta pas que, si c'eût été
pendant la nuit, cette atmosphère électrique n'eût
paru de 4 à 5 pieds de diamètre. Enfin, après que les
expériences furent terminées, on découvrit un trou
dans le terrain, précisément sous le tuyau de fer-
blanc, d'une grande profondeur et de $\frac{1}{2}$ pouce de
largeur, qui probablement fut fait par les grands
éclats qui accompagnèrent les explosions.

» Ces expériences remarquables finirent par la
chute du cerf-volant, attendu que le vent passa tout
d'un coup à l'est, et qu'il survint une pluie très-

matière électrique du nuage orageux et le paralyser.

---

abondante mêlée de grêle. Lorsque le cerf-volant
tomba, la corde s'accrocha sur un auvent, et elle ne
fut pas sitôt dégagée, que celui qui la tenait éprouva
un tel coup à ses mains et une telle commotion dans
tout son corps, qu'il fut obligé de la lâcher, et la
corde tombant sur les pieds de quelques autres personnes, leur donna aussi un coup, mais bien plus
supportable.

» La quantité de matière électrique que ce cerf-
volant tira une autre fois des nuées est réellement
étonnante. Le 28 août 1756, on en vit sortir des courants de feu de 1 pouce d'épaisseur et de 10 pieds
de longueur. Cet éclat surprenant, qui aurait peut-
être produit des effets aussi pernicieux qu'aucun
dont il soit fait mention dans l'histoire, fut conduit
avec sécurité, par la corde du cerf-volant, à un conducteur placé tout auprès, et le bruit en fut égal à
celui d'un pistolet. » (*Histoire de l'Électricité*, par
Priestley, tome II, page 205, traduction française.
Voyez aussi *Mémoires de l'Académie des Sciences* (*Savants étrangers*), t. II, p. 393; t. IV, p. 514.)

Charles, qui a fait des expériences semblables à
celles de Romas, mais en bien plus grand nombre,
a obtenu quelquefois des effets plus extraordinaires
encore, et il ne doutait pas, comme il le disait, qu'il
n'eût désarmé le nuage orageux.

On ne peut douter, d'après ces observations, que

La distance à laquelle un paratonnerre étend efficacement sa sphère d'action n'est pas connue exactement, et dépend d'ailleurs de beaucoup de circonstances qu'il serait difficile d'apprécier ; mais, depuis qu'on en a armé des édifices, plusieurs observations ont appris que des parties de ces édifices qui se sont trouvées à une distance de la tige du paratonnerre de plus de trois à quatre fois sa longueur ont été foudroyées. On estime, et c'était l'opinion de Charles, qui s'était beaucoup occupé de cet objet, qu'un paratonnerre peut défendre efficacement autour de lui des atteintes de la foudre un espace circulaire d'un rayon double de sa hauteur ; c'est d'après cette règle qu'on dispose les paratonnerres sur les édifices.

------

des paratonnerres placés sur des tours très-élevées, comme celle de Strasbourg, qui a 437 pieds de hauteur, ne soutirassent une grande quantité de matière électrique des nuages orageux, et ne prévinssent même la chute du tonnerre. Il est même permis de croire que si de semblables paratonnerres étaient très-multipliés sur la surface entière de la France, ils ne prévinssent aussi la formation de la grêle, qui, d'après les observations de Volta, paraît être un véritable phénomène électrique.

Lorsque la matière électrique se porte d'un corps sur un autre, en passant par un conducteur suffisant, elle ne manifeste son passage par aucun signe apparent ; mais, lorsqu'elle traverse l'air ou tout autre corps non conducteur, elle sépare ses parties et le déchire : elle apparaît alors comme un trait lumineux et fait entendre un bruit plus ou moins considérable. Le vide qu'elle forme en écartant l'air ne se fermant pas avec une vitesse aussi grande que celle avec laquelle la matière électrique se meut, celle-ci a le temps d'abandonner les parties les plus éloignées des conducteurs pour venir se précipiter dans ce vide, qui est lui-même un conducteur, et de s'échapper. C'est par cette raison qu'un conducteur se décharge aussi bien à travers l'air, quand il y a étincelle, que par le contact instantané d'un conducteur en communication avec le sol.

Un courant de matière électrique, lumineux ou non, est toujours accompagné de chaleur, dont l'intensité dépend de celle du courant. Cette chaleur est suffisante pour rougir, fondre ou disperser un fil métallique convenablement mince ; mais elle élève à peine la température d'une barre métallique, à cause de sa trop grande masse. C'est par la chaleur propre à un courant de matière électrique, et aussi par celle qui se dégage de l'air refoulé par la foudre, que celle-ci met si souvent le feu aux édifices.

On n'a pas encore d'exemple que la foudre ait fondu ou même fait rougir une barre de fer de 13 à 14 millimètres (6 lignes en carré), ou un cylindre de ce diamètre (1). Il suffirait donc, pour

---

(1) Nous avons vu plusieurs tiges de paratonnerres qui avaient été foudroyées, et dont l'extrémité était fondue jusqu'à une épaisseur de 3 à 4 millimètres (1,3 à 1,8 lig.). Cependant la fusion peut pénétrer beaucoup plus avant, et Franklin, dans une lettre à Landriani, en cite un exemple d'autant plus remarquable, qu'il s'est présenté dans sa maison même.

« Je trouve, dit Franklin, à mon retour à Philadelphie, que le nombre des conducteurs y est fort augmenté, l'utilité en ayant été démontrée par plusieurs épreuves de leur efficacité à préserver les bâtiments de la foudre. Entre autres exemples, ma maison fut un jour frappée d'un violent coup de tonnerre. Les voisins, s'en étant aperçus, accoururent sur-le-champ pour y porter du secours, en cas que le feu y eût pris; mais il n'y avait eu aucun dommage, et ils trouvèrent seulement la famille fort effrayée de la violence de la commotion.

» En faisant, l'année dernière, quelque augmentation au bâtiment, on fut obligé d'enlever le conducteur. J'ai trouvé, en l'examinant, que la pointe de cuivre, qui avait, quand on l'a placée, 9 pouces

construire un paratonnerre, de prendre une barre
de fer qui aurait ces dimensions ; mais sa tige,
devant s'élever dans l'air à une hauteur de 5 à
10 mètres (15 à 30 pieds), n'aurait pas à sa base
une force suffisante pour résister à l'action du
vent, et il est nécessaire de lui donner, en cet
endroit, une épaisseur beaucoup plus considérable.

Quant au conducteur du paratonnerre, une
barre de fer de 16 à 20 millimètres (7 à 9 lignes)
en carré est suffisante. On pourrait même le faire
plus petit et se servir d'un simple fil métallique,
pourvu qu'arrivé à la surface du sol, on le réunit
à une barre métallique de 10 à 13 millimètres
(5 à 6 lignes) en carré, qui s'enfonçât dans l'eau
ou dans une couche humide. Le fil, à la vérité,
serait sûrement dispersé par la foudre, mais il lui
aurait tracé sa direction jusque dans le sol et l'aurait empêchée de se porter sur les corps environnants. Au reste, il sera toujours préférable de
donner au conducteur une grosseur suffisante pour

---

de long et environ $\frac{1}{3}$ de pouce de diamètre dans sa
partie la plus épaisse, avait été presque entièrement
fondue, et qu'il en était resté fort peu attaché à la
verge de fer, de sorte qu'avec le temps l'invention a
été de quelque utilité à l'inventeur, et a ajouté un
avantage au plaisir d'avoir été utile aux autres. »

que la foudre ne puisse jamais le détruire, et nous ne proposons de le réduire à un fil de métal que pour diminuer les frais de construction des paratonnerres et les mettre à portée de toutes les fortunes.

Le bruit que la foudre fait entendre cause ordinairement beaucoup d'effroi, et cependant tout danger est déjà passé : il n'en existe même plus pour une personne qui a vu l'éclair ; car, si elle devait être foudroyée, elle ne verrait ni n'entendrait le coup qui serait prêt à la frapper. Le bruit ne vient jamais qu'après l'éclair, et il s'écoule autant de secondes entre l'apparition de l'éclair et le bruit qui le suit, qu'il y a de fois 340 mètres (174,5 toises) entre le lieu où l'on est et celui où la foudre a éclaté.

La foudre tombe souvent sur les arbres isolés, parce que ceux-ci, s'élevant à une grande hauteur et enfonçant profondément leurs racines dans le sol, sont de véritables paratonnerres ; mais leur abri est souvent fatal aux personnes qui le cherchent. Ils n'offrent pas, en effet, à la foudre un écoulement assez prompt dans le sol, et ils sont plus mauvais conducteurs que l'homme et les animaux (1). La foudre, parvenue à leur pied, se

____

(1) La preuve que la foudre ne trouve pas dans les

partage entre les conducteurs qu'elle rencontre, ou en évite quelques-uns, suivant qu'elle est pressée dans son écoulement ; et on l'a vue souvent faire périr tous les animaux réfugiés sous un arbre, et d'autres fois en frapper seulement un seul. L'eau est aussi un plus mauvais conducteur que les animaux, sans doute en raison des sels que renferment leurs liquides, et l'on peut foudroyer et faire périr des animaux qui y seraient entièrement plongés.

Un paratonnerre, pourvu qu'il soit en parfaite communication avec le sol, offre au contraire un abri très-sûr contre la foudre ; car celle-ci ne l'abandonnera jamais pour se porter sur un homme placé au pied : cependant, dans la crainte de quelque solution de continuité ou d'une communication imparfaite avec un sol humide, il sera très-prudent de s'en écarter.

Dans les campagnes et souvent même dans les villes, on sonne les cloches aux approches d'un

---

arbres un écoulement suffisant dans le sol, c'est qu'elle les brise ou les déchire presque toujours ; ce qui n'arriverait pas s'ils étaient meilleurs conducteurs. Elle se glisse ordinairement entre l'écorce et l'aubier, parce que c'est là que se trouve le plus d'humidité, et qu'elle rencontre en même temps moins de résistance.

orage, pour l'écarter et *fendre*, dit-on, *la nuée*
orageuse; on cherche aussi un abri contre la foudre dans les églises et dans les clochers; mais
cette habitude, comme le prouve l'expérience, a
souvent les suites les plus funestes. Il est certain,
en effet, que le tonnerre tombe fréquemment
aussi bien sur les clochers où l'on sonne que sur
ceux où l'on ne sonne pas (1); et, dans le premier cas, les sonneurs sont en danger d'être foudroyés, à cause des cordes qu'ils tiennent dans
leurs mains, et qui peuvent conduire la foudre
jusqu'à eux. Les églises n'offrent pas un abri beaucoup plus sûr que les clochers, soit parce que
ceux-ci, après avoir attiré la foudre sur eux, en

------

(1) Il paraîtrait même que la foudre tombe plus
fréquemment sur les clochers où l'on sonne que sur
ceux où l'on ne sonne pas. En 1718, M. Deslandes fit
savoir à l'Académie royale des Sciences que, la nuit
du 14 au 15 avril de la même année, le tonnerre
était tombé sur vingt-quatre églises, depuis Lan-
derneau jusqu'à Saint-Pol-de-Léon, en Bretagne;
que ces églises étaient précisément celles où l'on
sonnait, et que la foudre avait épargné celles où l'on
ne sonnait pas; que, dans celle de Couesnon, qui
fut entièrement ruinée, le tonnerre tua deux personnes des quatre qui sonnaient. (*Histoire de l'Académie royale des Sciences,* 1719.)

raison de leur élévation, sans pouvoir toujours la conduire dans le sol, laissent les églises exposées à son action, soit parce que des individus rassemblés forment un grand conducteur sur lequel la foudre se jette de préférence aux objets environnants. La prudence commande donc, tant que les clochers et les églises ne seront pas armés de paratonnerres, de ne point s'y rassembler pendant un orage; et pour citer une preuve frappante du danger qu'il y a à le faire, nous renvoyons le lecteur à la relation des malheurs arrivés à Châteauneuf-les-Moustiers, le 11 juillet 1819, par l'effet du tonnerre, telle qu'elle a été communiquée à l'Académie royale des Sciences par M. Trencalye, vicaire général de Digne (1).

---

(1) Il y a un village appelé Châteauneuf, dans l'arrondissement de Digne, département des Basses-Alpes, au sud-est et limitrophe de la petite ville de Moustiers, connue par une manufacture de faïence dont l'émail et la qualité justifient la préférence qu'on lui accorde sur toutes celles du royaume. Il est situé au sommet et à l'extrémité de l'une des premières montagnes des Alpes, qui forment un amphithéâtre sur Moustiers. Il consiste en quatorze maisons réunies au presbytère et à l'église paroissiale, sur une éminence coupée par les angles de deux autres montagnes, l'une au levant et l'autre au couchant. L'in-

On sait que, lorsque la foudre tombe sur un bâtiment, elle se porte de préférence sur les tuyaux

---

tervalle qui sépare le village de la montagne du levant est si étroit et si profond, que l'aspect en est effrayant. Cent cinq habitations sont dispersées en hameaux, presque tous sur le penchant de la montagne du levant, et forment une population de cinq cents âmes.

Le 11 juillet 1719, jour de dimanche, M. Salomé, curé de Moustiers et commissaire épiscopal, alla à Châteauneuf pour y installer un nouveau recteur. Vers les dix heures et demie, on se rendit en procession de la maison curiale à l'église. Le temps était beau, on remarquait seulement quelques gros nuages. La messe fut commencée par le nouveau recteur.

Un jeune homme de dix-huit ans, qui avait accompagné le curé de Moustiers, chantait l'épître, lorsqu'on entendit trois détonations de tonnerre qui se succédèrent avec la rapidité de l'éclair. Le missel lui fut enlevé des mains et mis en pièces; il se sentit lui-même serré étroitement au corps par la flamme, qui le prit de suite au cou. Alors, par un mouvement involontaire, ce jeune homme, qui avait d'abord jeté de grands cris, ferma la bouche, fut renversé, roulé sur les personnes rassemblées dans l'église, qui toutes avaient été terrassées et jetées ainsi hors la porte. Revenu à lui, sa première idée fut de rentrer dans l'église, pour se rendre auprès de M. le curé de Moustiers, qu'il trouva asphyxié et sans connaissance. Ce

de cheminée, soit parce qu'ils en sont ordinairement les parties les plus élevées, soit parce qu'ils

---

jeune homme fixa sur ce respectable et infortuné pas-
teur l'attention et les soins de ceux qui, légèrement
blessés, pouvaient donner du secours. On le releva,
on éteignit la flamme de son surplis, et, par le moyen
du vinaigre, on le rappela à la vie, environ deux
heures après son étourdissement. Il vomit beaucoup
de sang. Il assura n'avoir pas entendu le tonnerre et
n'avoir rien su de ce qui se passait. On le porta au
presbytère. Le fluide électrique avait touché fortement la partie supérieure du galon d'or de son étole,
coulé jusqu'au bas, enlevé un de ses souliers qu'il
porta à l'extrémité de l'église, et brisé la boucle de
métal. Le siége sur lequel il était assis fut aussi brisé.

Le surlendemain, M. le curé fut transporté dans
son presbytère à Moustiers, pour être pansé de ses
blessures, qui n'ont été cicatrisées que deux mois
après. Il avait une escarre de plusieurs travers de
doigt à l'épaule droite; une autre s'étendant du milieu postérieur du bras du même côté jusqu'à la partie moyenne et extérieure de l'avant-bras; une troisième escarre profonde partait de la partie moyenne
et postérieure du bras gauche, et allait jusqu'à la
partie moyenne de l'avant-bras du même côté; une
quatrième, plus superficielle et moins étendue, au
côté externe de la partie inférieure de la cuisse gauche
et une cinquième sur la lèvre supérieure jusqu'au

sont tapissés de suie, qui est un meilleur conducteur que le bois sec, la pierre ou la brique. Le

---

nez. Il a été fatigué d'une insomnie absolue pendant
près de deux mois; il a eu les bras paralysés, et
souffre des différentes variations de l'atmosphère.

Un jeune enfant fut enlevé des bras de sa mère et
porté à six pas plus loin. On ne le rappela à la vie
qu'en lui faisant respirer le grand air. Tout le monde
avait les jambes paralysées. Toutes les femmes, éche-
velées, offraient un spectacle horrible. L'église fut
remplie d'une fumée noire et épaisse : on ne pouvait
distinguer les objets qu'à la faveur des flammes des
parties des vêtements allumées par la foudre.

Huit personnes restèrent sur place. Une fille de
dix-neuf ans fut transportée sans connaissance à sa
maison, et expira le lendemain matin, en proie aux
douleurs les plus horribles, à en juger par ses hurle-
ments : de sorte que le nombre des personnes mortes
est de neuf; celui des blessés est de quatre-vingt-
deux.

Le prêtre célébrant ne fut point atteint de la
foudre, sans doute parce qu'il avait un ornement de
soie.

Tous les chiens qui étaient dans l'église furent
trouvés morts dans l'attitude qu'ils avaient auparavant.

Une femme qui était dans une cabane, à la montagne de Barbin, au couchant de Châteauneuf, vit

voisinage d'une cheminée est par conséquent l'endroit le moins sûr, dans un appartement, contre
les atteintes de la foudre ; il est préférable de se
tenir dans une encognure opposée aux croisées,
loin des ferrements de toute espèce un peu considérables. ,

Les effets de la foudre sont des plus variés et
des plus bizarres en apparence ; mais néanmoins
ils s'expliquent tous facilement par quelques faits
généraux qu'il sera utile de rassembler ici.

La foudre ou, ce qui est la même chose, là

---

tomber successivement trois masses de feu qui sem-
blaient devoir réduire ce village en cendres.

Il paraît que la foudre frappa d'abord la croix du
clocher qu'on trouva plantée dans la fente d'un ro-
cher, à une distance de 16 mètres. Le feu électrique
pénétra ensuite dans l'église par une brèche qu'il fit
à la voûte, à la distance de $\frac{1}{2}$ mètre de celle par où
passe la corde d'une cloche. La chaire fut écrasée. On
trouva dans l'église une excavation d'un $\frac{1}{2}$ mètre de
diamètre, prolongée sous les fondements du mur
jusque sur le pavé de la rue, et une autre qui en-
trait sous les fondements d'une écurie qui est en dessous, et où l'on trouva morts cinq moutons et une
jument.

On sonnait les cloches quand la foudre tomba sur
l'église.

2.

matière électrique, en vertu de la répulsion de ses molécules, est douée d'une force mécanique qui peut lui faire vaincre la pression de l'air ou des liquides, et fendre ou briser les corps solides non conducteurs.

La foudre choisit toujours le meilleur conducteur. Si elle y trouve un écoulement facile, comme, par exemple, dans une barre métallique, elle ne fera éprouver au conducteur aucune altération sensible. Si le conducteur, tel qu'un fil métallique, n'a pas une capacité suffisante, elle le dissipe en vapeurs, éclate dans l'air et se crée un vide qu'elle parcourt avec facilité. Si le corps frappé par la foudre n'est pas conducteur, ou ne l'est qu'imparfaitement, ou si enfin il oppose une résistance convenable à la séparation de ses parties, la foudre éclatera entre l'air et la surface de ce corps, qu'elle blessera plus ou moins profondément le long de son trajet. On voit ainsi souvent des individus foudroyés sans être tués, parce que la foudre glisse sur leur corps sans y pénétrer en totalité, et on en voit d'autres qui sont entièrement défendus de ses atteintes par un vêtement de soie, qui l'isole de leur corps et l'empêche d'y pénétrer.

Quand la foudre éclate de l'air sur un métal, et réciproquement d'un métal dans l'air, elle déter-

mine souvent la fusion du métal dans l'endroit par
où elle y entre, et dans celui par lequel elle en
sort, parce que, ramassée par l'air qui la presse,
son action en devient plus énergique. C'est par
cette raison qu'on observe quelquefois des traces
de fusion sur les angles, les arêtes et même les
faces d'un gros conducteur métallique, dans les
endroits où il y a des solutions de continuité et
où elle éclate.

La foudre, après avoir suivi un conducteur qui
vient à lui manquer et qui pénètre dans un corps
non conducteur, brise ordinairement ce dernier,
et se fait un vide qui lui procure un écoulement
facile. Ainsi, les pièces métalliques scellées dans
un mur tombent, privées par la foudre de leur
support, et sont projetées par l'air en mouvement
qui vient remplir le vide qu'elle laisse.

Lorsque des portions de conducteurs métalliques sont isolées les unes des autres par un milieu peu ou point conducteur, la foudre visite successivement toutes celles qui sont sur son chemin
et qui offrent le moins de résistance à son écoulement dans le sol, attirée successivement par chacune d'elles. Invisible dans les portions métalliques, mais devenant visible en éclatant de l'une
à l'autre, elle forme un trait lumineux qui paraî-
tra continu si les solutions de continuité des con-

ducteurs sont dans un rapport convenable avec leur longueur.

La foudre est toujours accompagnée de chaleur : elle rougit, fond et volatilise les conducteurs métalliques d'un petit diamètre ; mais des barres de 12 à 20 millimètres (5 à 9 lignes) de côté n'éprouvent rien de semblable. Il serait par conséquent imprudent de se servir de conducteurs très-minces pour diriger la foudre à travers des milieux inflammables ; il faut au contraire employer des conducteurs assez gros pour qu'ils ne puissent pas même s'échauffer sensiblement.

C'est par la chaleur qui est propre à la foudre, et par celle qu'elle dégage de l'air ou des corps qu'elle traverse, en les refoulant, qu'elle met le feu à toutes les matières ténues susceptibles d'une prompte inflammation, comme le foin, la paille, le coton, etc. Il est plus rare de la voir enflammer les matières compactes, telles que les bois, à moins qu'ils ne soient vermoulus, soit qu'elle les déchire ou qu'elle glisse sur leur surface, parce que son action est trop instantanée. C'est ainsi qu'on peut concevoir que la foudre met le feu à des vêtements légers, aux cheveux, sur un individu sur le corps duquel elle glisse, sans pourtant lui causer elle-même, très-souvent, aucun sentiment de brûlure. C'est encore par une cause semblable qu'elle dissipe en vapeurs la dorure dés lambris dorés sans les enflammer.

La foudre fait périr les animaux, soit en lésant les organes et le système vasculaire, soit en paralysant le système nerveux; la putréfaction s'en opère très-promptement, mais de la même manière que celle de tous les animaux frappés d'une mort subite quelconque. L'acescence du lait et la corruption des chairs, plus promptes par des temps d'orage que par des temps ordinaires, paraissent dues, d'une part à la température élevée qui règne alors, et de l'autre aux courants de matière électrique auxquels ces corps sont exposés, et qu'on sait être un agent puissant de décomposition.

PARTIE PRATIQUE.

Détails relatifs à la construction des paratonnerres.

Un paratonnerre est une barre métallique ABCDEF (*fig.* 1, page 34), s'élevant au-dessus d'un édifice, et descendant, sans aucune solution de continuité, jusque dans l'eau d'un puits ou dans un sol humide. On donne le nom de *tige* à la partie verticale BA, qui se projette dans l'air au-dessus du toit, et celui de *conducteur* à la portion de la barre BCDEF, qui descend depuis le pied B de la

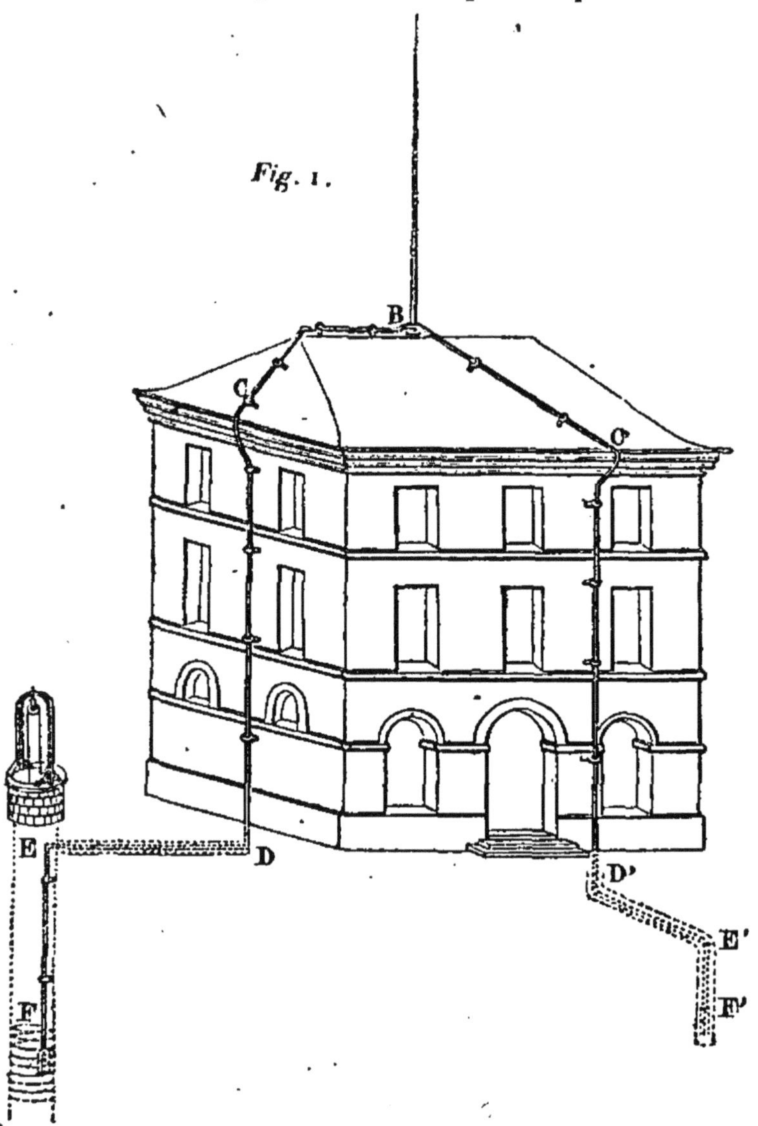

tige jusque dans le sol.

De la Tige.

La tige est une barre de fer carrée BA, amincie de sa base à son sommet, en forme de pyramide. Pour une hauteur de 7 à 9 mètres (21 à 27 pieds), qui est la hauteur moyenne des tiges qu'on place sur les grands édifices, on lui donne à sa base de 54 à 60 millimètres de côté (24 à 26 lignes) : on lui donnerait 63 millimètres (28 lignes) si elle devait s'élever à 10 mètres (30 pieds) (1).

Le fer étant très-exposé à se rouiller par l'action de l'eau et de l'air, la pointe de la tige serait bientôt émoussée; pour obvier à cet inconvénient, on retranche de l'extrémité de la tige AB (*fig.* 2, *Pl. I*) une longueur AH d'environ 55 centimètres (20 pouces), et on la remplace par une tige conique de cuivre jaune, dorée à son extrémité ou terminée par une petite aiguille de platine AG de 5 centimètres (2 pouces) de longueur (2). L'ai-

---

(1) La manière la plus avantageuse de faire une barre pyramidale est de souder bout à bout des morceaux de fer, chacun d'environ 80 centimètres (2 ½ pieds) de longueur, et d'un calibre décroissant.

(2) On peut remplacer l'aiguille de platine par une aiguille faite avec l'alliage des monnaies d'argent, qui est composé de 9 parties d'argent et 1 de cuivre.

guille de platine est soudée, à la soudure d'argent, avec la tige de cuivre; et pour qu'elle ne puisse point s'en séparer, ce qui arriverait quelquefois malgré la soudure, on renforce l'ajustage par un petit manchon de cuivre, comme le montre la *fig.* 3, *Pl. I.* La tige de cuivre se réunit à la tige de fer au moyen d'un goujon qui entre à vis dans toutes deux; il est d'abord fixé dans la tige de cuivre par deux goupilles à angle droit, et on le visse ensuite dans la tige de fer, dans laquelle il est aussi retenu par une goupille (*voyez* C, *fig.* 4, *Pl. I*). On peut, sans aucune espèce d'inconvénient, ne point employer de platine et se contenter de la tige conique de cuivre, et même ne pas la dorer si l'on n'en a pas la facilité sur les lieux. Le cuivre ne s'altère pas profondément à l'air; et en supposant que sa pointe s'émoussât légèrement, le paratonnerre ne perdrait pas pour cela son efficacité.

Une tige de paratonnerre, de la dimension supposée, étant d'un transport difficile, on la coupe en deux parties AI et IB (*fig.* 2, *Pl. I*), au tiers ou aux deux cinquièmes environ de sa longueur, à partir de sa base. La partie supérieure AD (*fig.* 4, *Pl. I*) s'emboîte exactement, par un tenon pyramidal DF de 19 à 20 centimètres (7 à 8 pouces), dans la partie inférieure EB, et une goupille l'empêche de s'en séparer. On doit cependant, autant qu'on le pourra, ne faire la tige que d'une seule pièce, parce qu'elle en aura plus de solidité (1).

Au bas de la tige, à 8 centimètres (3 pouces) du toit, est une embase MN (*fig.* 4, *Pl. I*), soudée au corps même de la tige; elle est destinée à rejeter l'eau de pluie qui coulerait le long de la tige, et à l'empêcher de s'infiltrer dans l'intérieur du bâtiment et de pourrir les bois de la toiture (2).

Immédiatement au-dessous de l'embase, la tige est arrondie sur une étendue d'environ 5 centimètres (2 pouces), pour recevoir un collier brisé à charnière O, portant deux oreilles, entre lesquelles on serre l'extrémité du conducteur du paratonnerre, au moyen d'un boulon; on voit le plan

---

(1) On fait la partie creuse EG (*fig.* 4, *Pl. I*), qui reçoit le tenon pyramidal DF, de la manière suivante. On prend une forte feuille de fer que l'on roule en cylindre et que l'on soude en G avec la barre BG; ensuite, au moyen d'un mandrin de la forme que doit avoir le tenon, et de chauffes successives, on parvient facilement à réunir ses deux bords, et à lui donner, tant intérieurement qu'extérieurement, la forme pyramidale.

(2) Pour faire l'embase, on soude un anneau de fer sur la tige, et on l'étire circulairement sur l'enclume en inclinant ses bords de manière à obtenir un cône tronqué très-aplati.

de ce collier en P au-dessous de la tige (*fig.* 4, *Pl. I*). Au lieu du collier, on peut faire un étrier carré qui embrasse étroitement la tige; on en voit la projection verticale en Q, et le plan en R (*fig.* 5, 6), ainsi que la manière dont il se réunit

Fig. 5.

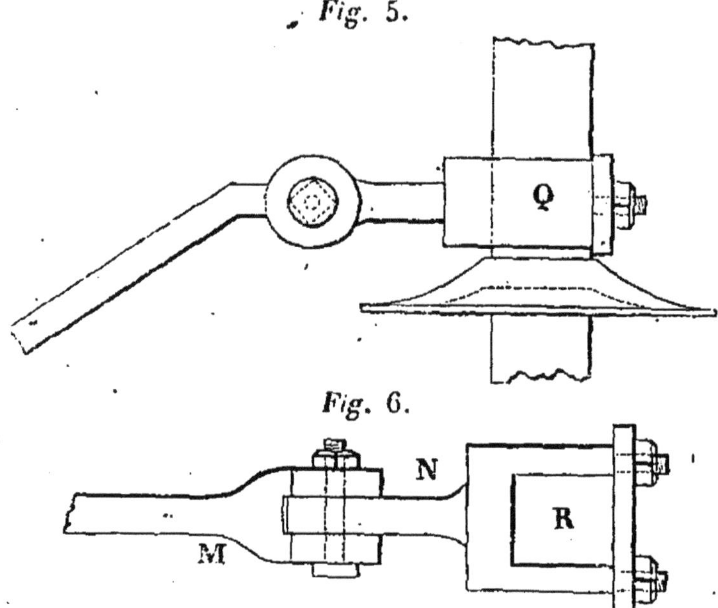

Fig. 6.

avec le conducteur. Enfin, on peut encore, pour diminuer le travail, souder un tenon T (*fig.* 7, page 39) à la place du collier; mais il faut avoir soin de ne pas affaiblir la tige en cet endroit, qui est celui où elle doit opposer le plus de résistance, et le collier ou l'étrier sont préférables.

La tige du paratonnerre se fixe sur le toit des bâtiments, selon les localités. Si elle doit être posée

au-dessus d'une ferme B (*fig.* 7, et 8, p. 4o), on
perce le faîtage d'un trou dans lequel on fait pas-

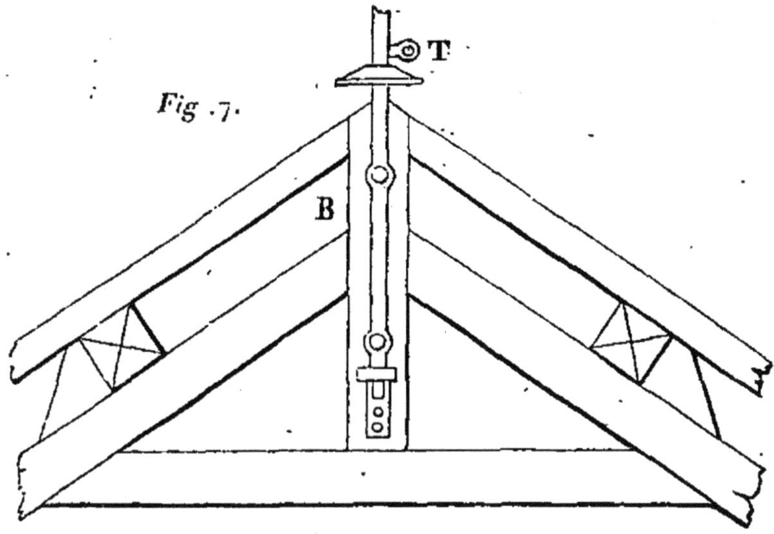

ser le pied de la tige, et on l'assujettit contre le
poinçon au moyen de plusieurs brides, comme on
le voit dans la figure. Cette disposition est très-
solide, et doit être préférée lorsque les localités
le permettent.

Lorsqu'on doit fixer la tige sur le faîtage en A
(*fig.* 8, page 4o), on le perce d'un trou carré de
mêmes dimensions que le pied de la tige; et par-
dessus et en dessous on fixe, avéc quatre boulons ou deux étriers boulonnés qui embrassent et
serrent le faîtage, deux plaques de fer de 2 centimètres (9 lignes) d'épaisseur, portant chacune un

trou correspondant à celui fait dans le bois. La tige s'appuie par un petit collet sur la plaque supé-

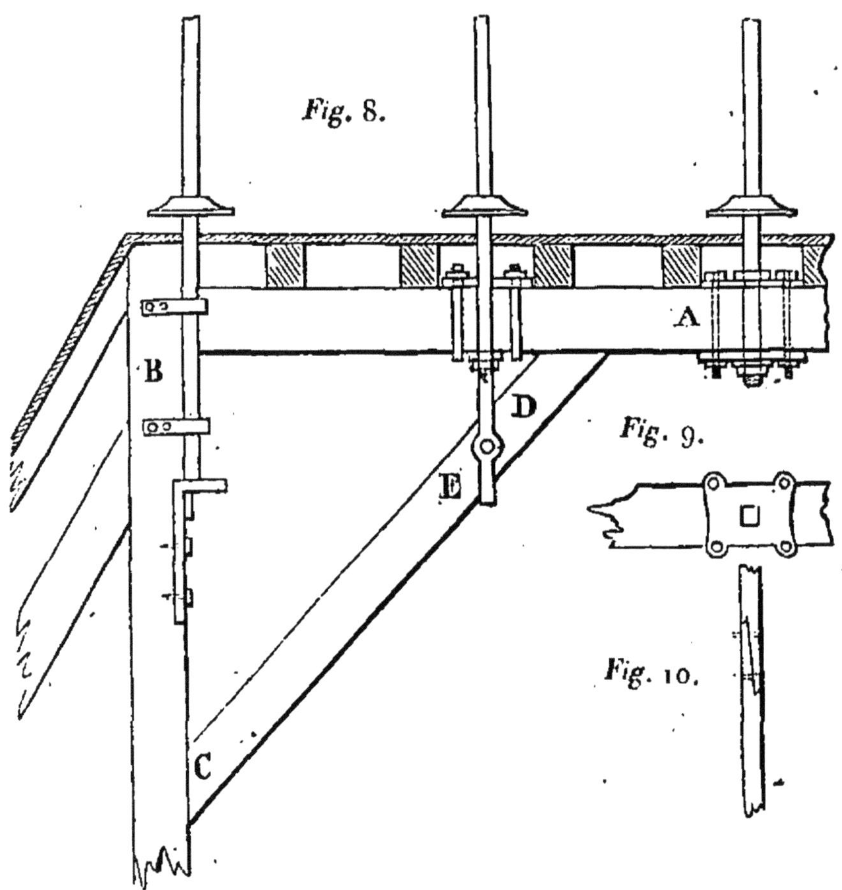

rieure, contre laquelle on la presse fortement au moyen d'un écrou se vissant sur l'extrémité de la tige contre la plaque inférieure; la *fig.* 9 montre le plan de l'une de ces plaques. Mais, si l'on pouvait s'appuyer sur le lien CD (*fig.* 8), on

souderait à la tige deux oreilles qui embrasse-
raient les faces supérieures et latérales du faîtage,
et descendraient jusqu'au lien, sur lequel on les
fixerait au moyen d'un boulon E.

Enfin, si le paratonnerre devait être placé sur
une voûte, on le terminerait par trois ou quatre
empâtements ou par des contre-forts qu'on scel-
lerait dans la pierre, comme d'ordinaire, avec du
plomb.

Du Conducteur du paratonnerre.

Le conducteur du paratonnerre est, comme on
l'a dit, une barre de fer BCDEF (*fig.* 1, page 34) ou
B'C'D'E'F', partant du pied de la tige et se ren-
dant dans le sol. On donne à cette barre de 15 à
20 millimètres (7 à 8 lignes) en carré; mais 15 millimètres (7 lignes) sont réellement suffisants. On
la réunit solidement à la tige en la pressant entre
les deux oreilles du collier O (*fig.* 4, *Pl. I*), au
moyen d'un boulon; ou bien on la termine par une
fourchette M (*fig.* 6, page 38) qui embrasse la
queue N de l'étrier, et on boulonne les deux pièces ensemble.

Le conducteur ne pouvant être d'une seule pièce,
on réunit plusieurs barres bout à bout pour le
former. La meilleure manière est celle représentée par la *fig.* 10, page 40. Il est soutenu à 12 ou
15 centimètres (5 ou 6 pouces), parallèlement au

toit, par des crampons à fourche, auxquels, pour empêcher l'infiltration de l'eau par leur pied dans le bâtiment, on donne la forme suivante.

Au lieu de se terminer en pointe, ils ont une patte (*fig.* 11 et 12) formée par une plaque mince

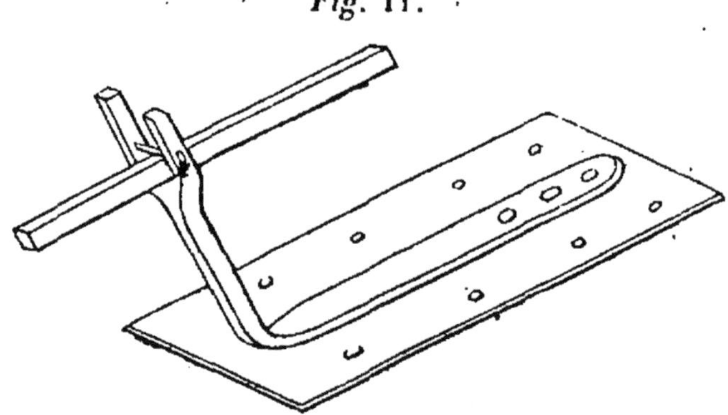

Fig. 11.

de 25 centimètres de long sur 4 de large, à l'extrémité de laquelle s'élève la tige du crampon, en faisant avec la plaque, ou un angle droit (*fig.* 11) ou un angle égal à celui que forme le toit avec la

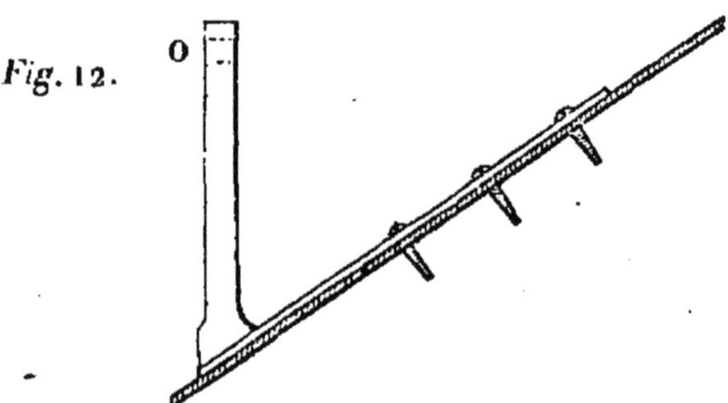

Fig. 12.

verticale (*fig.* 12). La patte se glisse entre les

ardoises; mais, pour plus de solidité, on remplace par une lame de plomb l'ardoise sur laquelle elle reposerait, et on cloue ensemble, au-dessus d'un chevron, cette lame et la patte du crampon. Le conducteur est retenu dans chaque fourchette par une goupille rivée, et les crampons sont placés à environ 3 mètres les uns des autres.

Le conducteur, après s'être replié sur la corniche du bâtiment (*fig.* 1, page 34) sans la toucher, s'applique contre le mur le long duquel il doit descendre dans le sol, et se fixe au moyen de crampons que l'on fiche ou que l'on scelle dans la pierre. Arrivé en D ou en D' dans le sol, à 50 ou 55 centimètres (18 ou 20 pouces) au-dessous de sa surface, il se recourbe perpendiculairement au mur suivant DE ou D'E', se prolonge dans cette nouvelle direction l'espace de 4 à 5 mètres (12 à 15 pieds), et s'enfonce ensuite dans un puits EF, ou dans un trou E'F' fait dans la terre, de la profondeur de 4 à 5 mètres (12 à 15 pieds), si l'on ne rencontre pas l'eau, mais de moins si on la rencontre plus tôt.

Le fer enfoncé dans le sol, en contact immédiat avec la terre et l'humidité, se couvre d'une rouille qui gagne peu à peu son centre et finit par le détruire. On évite cette altération en faisant courir le conducteur dans un auget rempli de charbon

DE ou D′E′, qu'on a représenté plus en grand dans la *fig.* 13. On construit l'auget de la manière suivante.

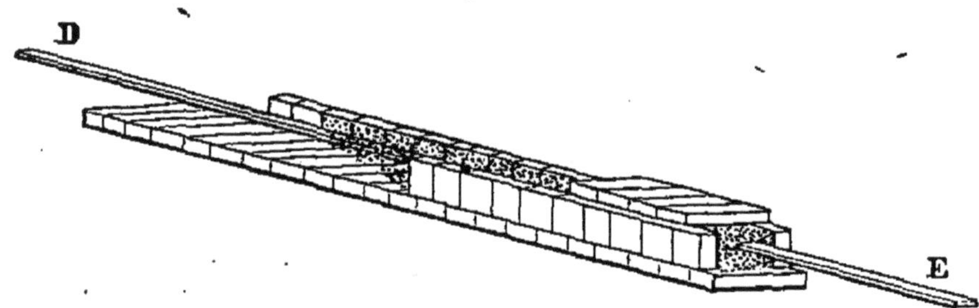

Après avoir fait une tranchée dans le sol, de 55 à 60 centimètres (20 à 22 pouces) de profondeur, on y pose un rang de briques à plat, sur le bord desquelles on en place d'autres de champ; on met une couche de *braise de boulanger* de l'épaisseur de 3 à 4 centimètres (1 à 1 ½ pouce) sur les briques du fond ; on pose le conducteur DE par-dessus ; on achève de remplir l'auget de braise, et on le ferme par un rang de briques. La tuile, la pierre ou le bois peuvent également être employés pour former l'auget. On a l'expérience que le fer, ainsi enveloppé de charbon, n'éprouve aucune altération dans l'espace de trente années. Mais le charbon n'a pas seulement l'avantage d'empêcher le fer de se rouiller dans la terre ; comme il conduit très-bien la matière électrique quand il a été rougi (et c'est pour cela

que nous avons recommandé d'employer la braise
de boulanger), il facilite l'écoulement de la foudre dans le sol.

Le conducteur, sortant de l'auget dont on vient
de parler, perce le mur du puits dans lequel il
doit descendre, et s'immerge dans l'eau de manière à y rester plongé de 65 centimètres (2 pieds)
au moins dans les plus basses eaux. Son extrémité
se termine ordinairement par deux ou trois racines, pour faciliter l'écoulement de la matière
électrique du conducteur dans l'eau. Si le puits
est placé dans l'intérieur du bâtiment, on percera
le mur de ce dernier au-dessous du sol, et on di-
rigera par l'ouverture qu'on aura faite le conducteur dans le puits.

Lorsqu'on n'a pas de puits à sa disposition pour
y faire descendre le conducteur du paratonnerre,
on fait dans le sol, avec une tarière de 13 à 16 centimètres (5 à 6 pouces) de diamètre, un trou de
3 à 5 mètres (9 à 15 pieds) de profondeur; on y
fait descendre le conducteur en le tenant à égale
distance de ses parois, et on remplit l'espace in-
termédiaire avec de la braise que l'on comprime
autant que possible. Mais lorsqu'on voudra ne rien
épargner pour établir un paratonnerre, nous conseillons de creuser un trou beaucoup plus large
E'F' (*fig.* 1, page 34), au moins de 5 mètres de

profondeur, à moins qu'on ne rencontre l'eau plus tôt, de terminer l'extrémité du conducteur par plusieurs racines, de les envelopper de charbon si elles ne plongent pas dans l'eau, et d'en entourer de même le conducteur au moyen d'un auget de bois que l'on en emplira.

Dans un terrain sec, comme, par exemple, dans un roc, on donnera à la tranchée qui doit recevoir le conducteur une longueur au moins double de celle qui a été indiquée pour un terrain ordinaire, et même davantage, s'il était possible d'arriver jusque dans un endroit humide. Si les localités ne permettent pas d'étendre la tranchée en longueur, on en fera d'autres transversales, comme on le voit en A (*fig.* 17, et 18, page 47), dans les-

Fig. 17.

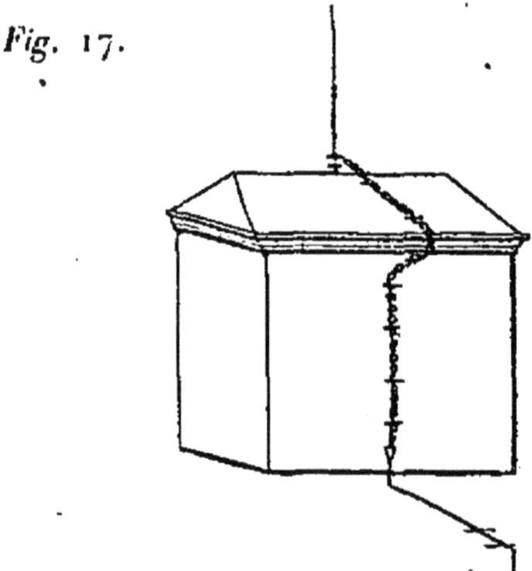

quelles on placera de petites barres de fer entou-

rées de braise, que l'on fera communiquer avec le
conducteur. Dans tous les cas, l'extrémité de ce
dernier doit s'enfoncer dans un large trou, s'y di-
viser en plusieurs racines, et être recouverte de
braise ou de charbon qui aura été rougi.

En général, on doit faire les tranchées pour le
conducteur dans l'endroit le plus humide autour
du bâtiment, les placer par conséquent dans les
lieux les plus bas, et diriger au-dessus les eaux
pluviales, afin de les tenir dans un état plus con-
stant d'humidité. On ne saurait trop prendre de

Fig. 18.

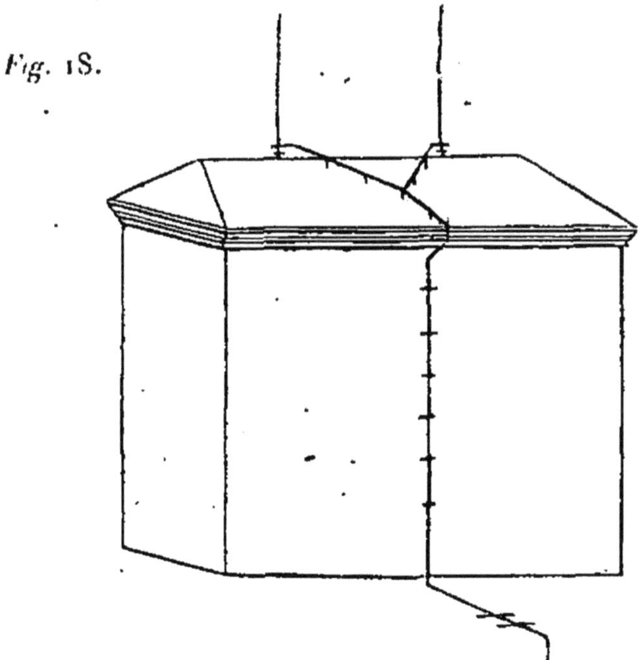

précautions pour procurer à la foudre un prompt

écoulement dans le sol ; car c'est principalement de cette circonstance que dépend l'efficacité des paratonnerres.

Les barres de fer qui forment le conducteur présentant, en raison de leur rigidité, quelque difficulté pour leur faire suivre les contours d'un bâtiment, on a imaginé de les remplacer par des cordes métalliques qui, indépendamment de leur flexibilité, ont encore l'avantage d'éviter les raccords et de diminuer les chances de solution de continuité. On réunit quinze fils de fer pour faire un toron, et quatre de ces torons forment la corde, qui alors a 16 ou 18 millimètres (7 à 8 lignes) de diamètre. Pour prévenir sa destruction par l'air et l'humidité, chaque toron est goudronné séparément, et la corde l'est ensuite avec beaucoup de soin. On l'attache à la tige du paratonnerre de la même manière que le conducteur fait avec des barres de fer, c'est-à-dire qu'on la pince fortement au moyen d'un boulon entre les deux oreilles du collier B (*fig.* 15, page 49), qui sont un peu concaves et hérissées de quelques pointes pour mieux embrasser et retenir la corde. Les crampons qui la supportent sur le toit, au lieu d'être terminés en fourche, le sont par un anneau O (*fig.* 12, page 42) dans lequel passe la corde. Parvenue à 2 mètres (6 pieds) du sol, on la réunit à une barre de fer de 15 à 25 millimètres (6 à 9 lignes) en carré qui termine le conducteur, comme on le voit en C (*fig.* 16);

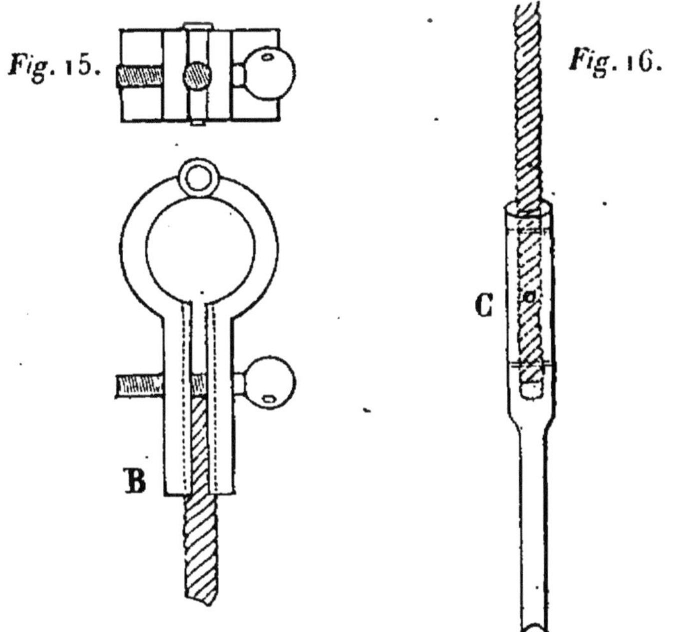

car, dans le sol, la corde serait promptement détruite. On assure que des cordes ainsi employées n'ont pas éprouvé d'altération sensible dans l'espace de trente années. Néanmoins, comme il est incontestable que les barres de fer bien assemblées sont beaucoup moins destructibles, nous conseillerons de leur donner la préférence autant qu'on le pourra. Si les localités obligeaient à employer des cordes, on pourrait les faire en fil de cuivre ou de laiton, qui est beaucoup moins destructible et qui, étant aussi meilleur conducteur, permettrait de ne donner aux cordes que 16 millimètres (6 lignes) de diamètre. C'est surtout pour les clochers que les cordes métalliques peuvent être d'une grande utilité, à cause de la facilité de leur pose.

Si le bâtiment que l'on arme d'un paratonnerre renferme des pièces métalliques un peu considérables, comme des lames de plomb qui recouvrent le faîtage et les arêtes du toit, des gouttières en métal, de longues barres de fer pour assurer la solidité de quelque partie du bâtiment, il sera nécessaire de les faire toutes communiquer avec le conducteur du paratonnerre; mais il suffira d'employer pour cet objet des barres de 8 millimètres (3 lignes) de côté, ou du fil de fer d'un égal diamètre. Si cette réunion n'avait pas lieu, et que le conducteur renfermât quelque solution de continuité, ou qu'il ne communiquât pas très-librement avec le sol, il serait possible que la foudre se portât avec fracas du paratonnerre sur quelqu'une des parties métalliques. Plusieurs accidents ont eu lieu par cette cause; nous en avons cité deux exemples au commencement de cette Instruction (1).

____

(1) Nous devons plusieurs des détails de construc-

Paratonnerres pour les Églises.

Le paratonnerre dont on vient de donner les détails de construction, et que l'on a pris pour type, est applicable à toute espèce de bâtiments, aux tours, aux dômes, aux clochers et aux églises, avec de très-légères modifications.

Sur une tour, la tige du paratonnerre doit s'élever de 5 à 8 mètres (15 à 24 pieds), suivant l'étendue de sa plate-forme ; 5 mètres suffiront pour les plus petites et 8 pour les plus grandes.

Les dômes et les clochers, dominant ordinairement de beaucoup les objets circonvoisins, un paratonnerre, placé à leur sommet, en tire un très-grand avantage pour étendre son influence au loin, et n'a pas besoin, pour les protéger, de s'élever à la même hauteur que sur les édifices terminés par un toit très-étendu. D'un autre côté, l'impossibilité d'établir solidement des tiges de 7 à 8 mètres (21 à 24 pieds) sur les dômes et les clochers, sans des dépenses considérables, doit faire renoncer à en employer dans ces dimensions. Nous conseillons donc, pour ces édifices,

----

tion que nous venons de donner, à M. Mérot, habile constructeur de paratonnerres, qui, à notre demande, nous a communiqué avec empressement les résultats de sa pratique.

et surtout pour ceux dont le sommet est d'un accès difficile, de n'employer que des tiges minces, s'élevant de 1 à 2 mètres (3 à 6 pieds) au-dessus des croix qui les terminent. Ces tiges étant alors très-légères, il sera facile de les fixer solidement à la tête des croix, sans que la forme de ces dernières paraisse altérée de loin, et sans que le mouvement des girouettes qu'elles portent ordinairement en soit gêné.

Nous pensons même que, pour peu qu'on éprouve des difficultés à placer ces tiges sur un dôme ou sur un clocher, on peut les supprimer entièrement. Il suffira, pour défendre ces édifices des atteintes de la foudre, d'établir, comme pour le cas où ils sont armés de tiges, une communication très-intime entre le pied de chaque croix et le sol. Cette disposition, qui est très-peu dispendieuse et qui offre également une très-grande sûreté, sera surtout avantageuse pour les clochers des petites communes rurales. La *fig.* 23, page 53, représente un clocher sans tige de paratonnerre, dont la croix est en communication avec le sol, ou d'un conducteur partant de son pied, et la *fig.* 24, page 53, offre un clocher surmonté d'une tige attachée à sa croix.

Quant aux églises, lorsqu'elles ne seront pas protégées par le paratonnerre de leur clocher, il

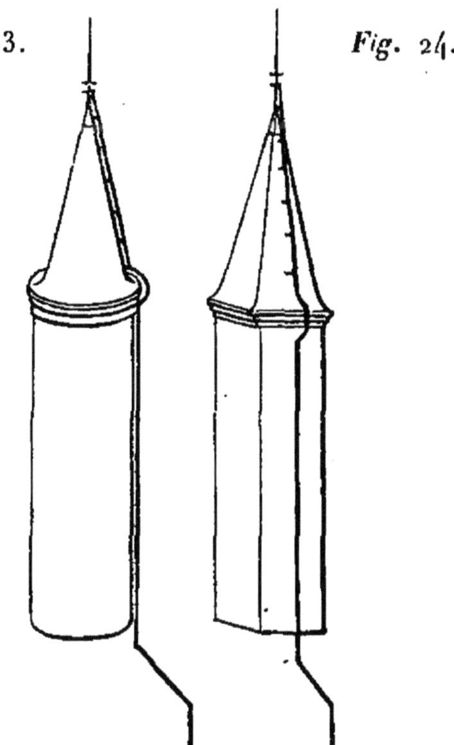

sera nécessaire de les armer avec des tiges de 5 à 8 mètres (15 à 24 pieds) de haut, semblables à celle qui a été décrite pour un édifice aplati (1).

---

(1) La *fig.* 25, page 54, représente la tige d'un paratonnerre fait avec luxe, comme on en place sur quelques bâtiments : elle porte une girouette en forme de flèche, mobile sur des galets, pour rendre son mouvement plus doux, qui fait connaître la direction du vent au moyen de lignes fixes orientées N.-S.-O.-E.; à sa base est un socle en cuivre mince dont la forme est arbitraire.

Fig. 25.

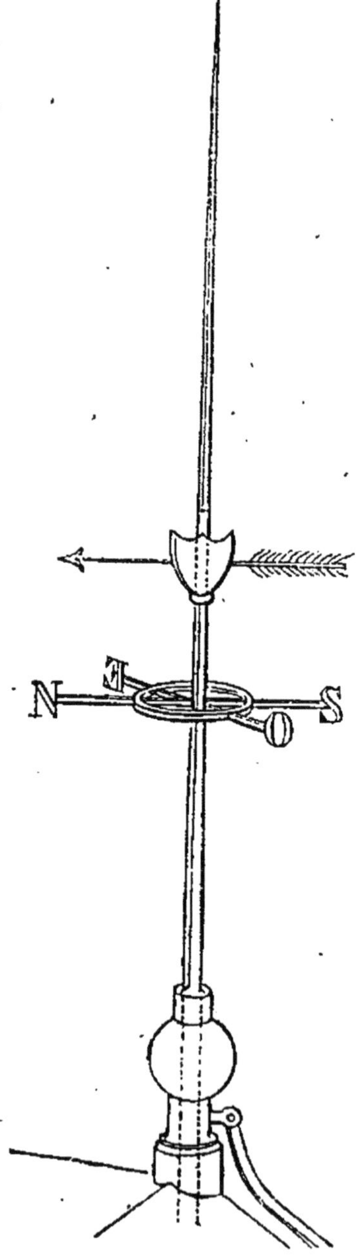

Paratonnerres pour les magasins à poudre et les poudrières.

La construction des paratonnerres pour les magasins à poudre et les poudrières ne diffère pas essentiellement de celle qui a été décrite comme type pour toute espèce de bâtiment ; on doit seulement redoubler d'attention pour éviter la plus légère solution de continuité, et ne rien épargner pour établir entre la tige du paratonnerre et le sol la communication la plus intime. Toute solution de continuité donnant lieu, en effet, à une étincelle, le pulvérin qui voltige et se dépose partout dans l'intérieur, et même à l'extérieur de ces bâtiments, serait enflammé, et pourrait propager son inflammation jusqu'à la poudre. C'est par ce motif qu'il serait très-prudent de ne point placer les tiges sur les bâtiments mêmes, mais bien sur des mâts qui en seraient éloignés de 2 à 3 mètres (*fig.* 26, page 56). Il sera suffisant de donner aux tiges 2 mètres de longueur ; mais on donnera aux mâts une hauteur telle, qu'avec leurs tiges ils dominent les bâtiments au moins de 4 à 5 mètres. On fera aussi très-bien de multiplier les paratonnerres plus qu'on ne le ferait partout ailleurs ; car ici les accidents sont des plus funestes. Si le magasin était très-élevé, comme, par exemple, une tour, les mâts seraient d'une construction

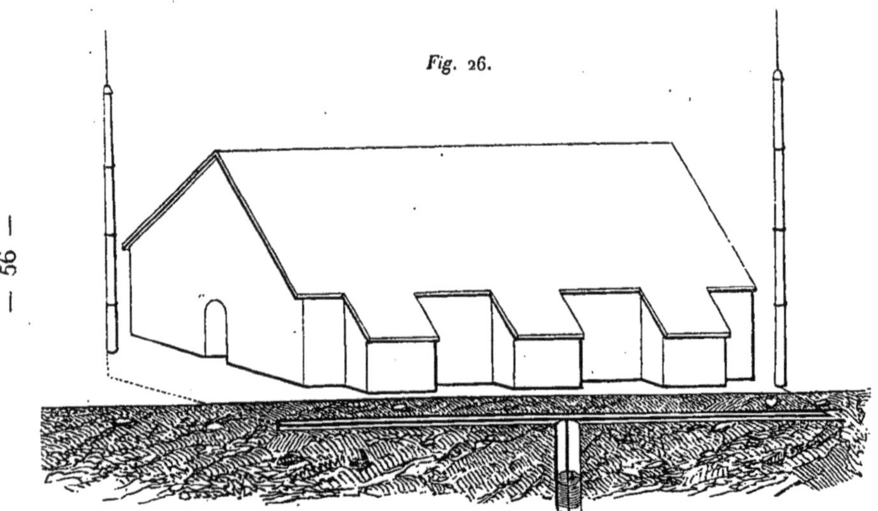

Fig. 26.

difficile et dispendieuse pour leur donner de la
solidité : on se contenterait, dans ce cas, d'armer le bâtiment d'un double conducteur ABC
(*fig.* 27), sans tige de paratonnerre, qu'on pour-

Fig. 27.

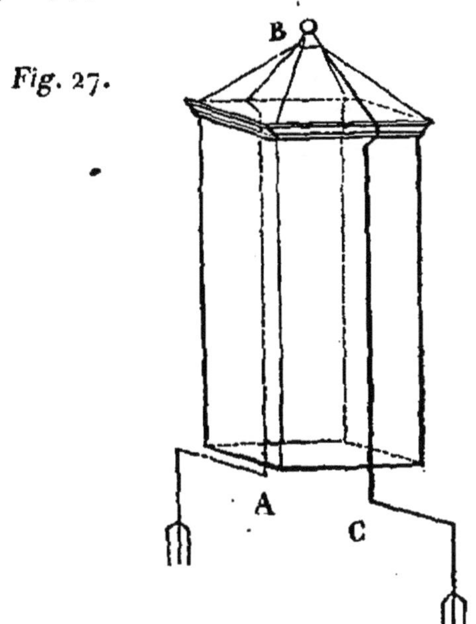

rait faire en cuivre. Ce conducteur, n'étendant
pas son influence au delà du bâtiment, ne pourrait attirer la foudre de loin, et il aurait cependant l'avantage de garantir le bâtiment de ses
atteintes s'il en était frappé ; de sorte que ceux-là
mêmes qui rejettent les paratonnerres, parce
qu'ils croient qu'ils déterminent la foudre à tomber sur un bâtiment qu'elle eût épargné sans eux,
ne pourraient faire aucune objection fondée con-

tre la disposition qui vient d'être indiquée. On
pourrait armer d'une manière semblable un magasin ordinaire ou tout autre bâtiment (*fig.* 28).

Fig. 28.

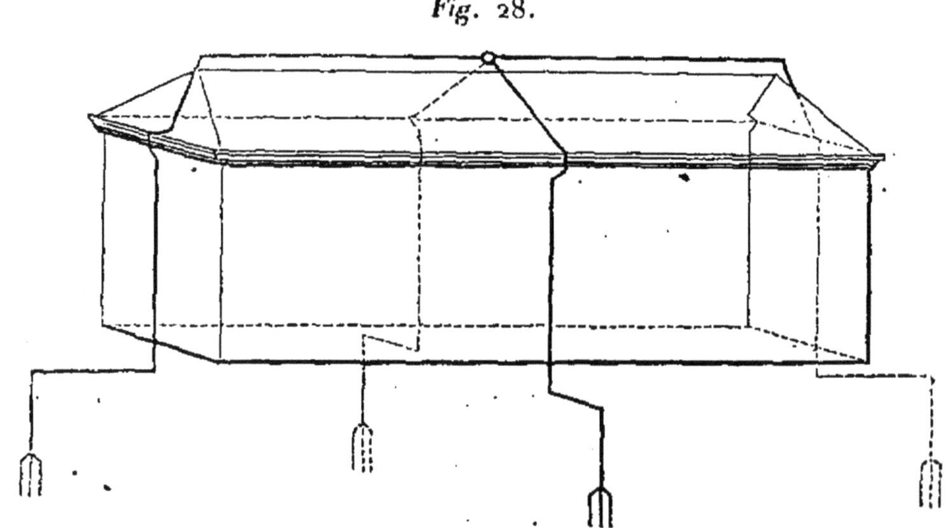

A défaut de paratónnerres, des arbres- élevés,
disposés autour des bâtiments à 5 ou 6 mètres
de leurs faces, les défendent efficacement de la
chute de la foudre.

Paratonnérres pour les bâtiments de mer.

Pour un vaisseau (*fig.* 29, *Pl. II*), la tige du
paratonnerre se réduit à la partie en cuivre AC
(*fig.* 4, *Pl. I*) qui a été décrite pour le paratonnerre type. Cette tige est vissée sur une verge de
fer ronde CB (*fig.* 3o, page 59), qui entre dans

Fig. 3o.

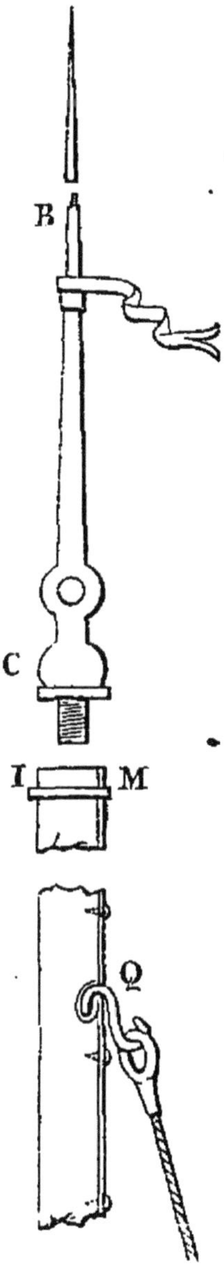

l'extrémité I de la flèche du mât de perroquet, et qui porte une girouette. Une barre de fer MQ, liée au pied de la verge, descend le long de la flèche et se termine par un crochet ou anneau Q, auquel s'attache le conducteur du paratonnerre, qui est ici une corde métallique; celle-ci est maintenue de distance en distance à un cordage *gg* (*fig.* 29, *Pl. II*), et, après avoir passé dans un anneau *b*, fixé au porte-hauban, elle se réunit à une barre ou plaque de métal qui communique avec le doublage en cuivre du vaisseau. Sur les bâtiments de peu de longueur, on n'établit ordinairement qu'un paratonnerre au grand mât; sur les autres, on en met un second au mât de misaine. La *fig.* 29, *Pl. II,* peut représenter également l'un ou l'autre de ces deux mâts, sur lesquels les paratonnerres sont établis exactement de la même manière.

*Disposition générale des paratonnerres sur
un édifice.*

On admet, d'après l'expérience, qu'une tige de
paratonnerre protége efficacement contre la foudre
autour d'elle un espace circulaire d'un rayon double de sa hauteur. Ainsi, d'après cette règle, un
bâtiment de 20 mètres (60 pieds) en long ou en
carré n'aurait besoin, pour être défendu, que
d'une seule tige de 5 à 6 mètres (15 à 18 pieds)
de hauteur, élevée sur le milieu de son toit (*fig* 14
et 17). Dans la *fig.* 17, le conducteur est une

Fig. 14.   Fig. 17.

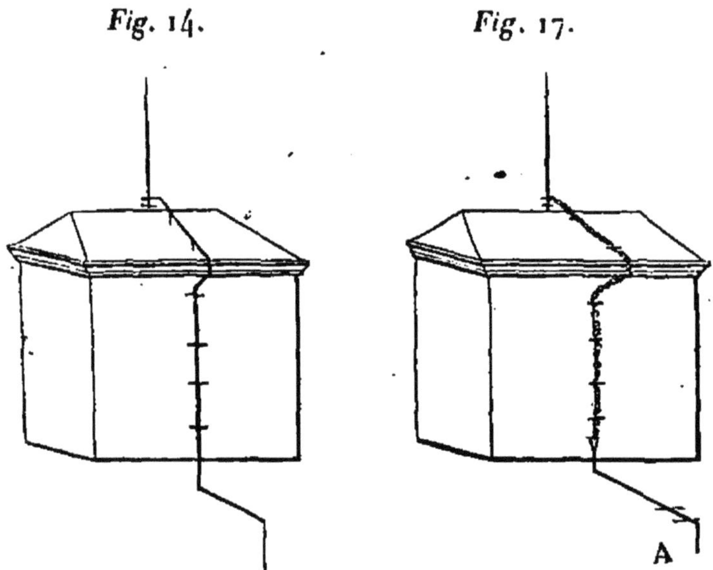

corde métallique.

Un bâtiment de 4o mètres (120 pieds), d'après la même règle, serait défendu par une tige de ıo mètres (3o pieds), et l'on en place effectivement de semblables; mais il serait préférable, au lieu d'une seule tige, d'en élever deux de 5 à 6 mètres (15 à 18 pieds) de hauteur, et de les disposer de.manière que l'espace autour d'elles fût également protégé de toutes parts, ce à quoi l'on parviendrait en les plaçant chacune à ıo mètres (3o pieds) de l'extrémité du bâtiment, et, par conséquent, à 20 mètres (6o pieds) l'une de

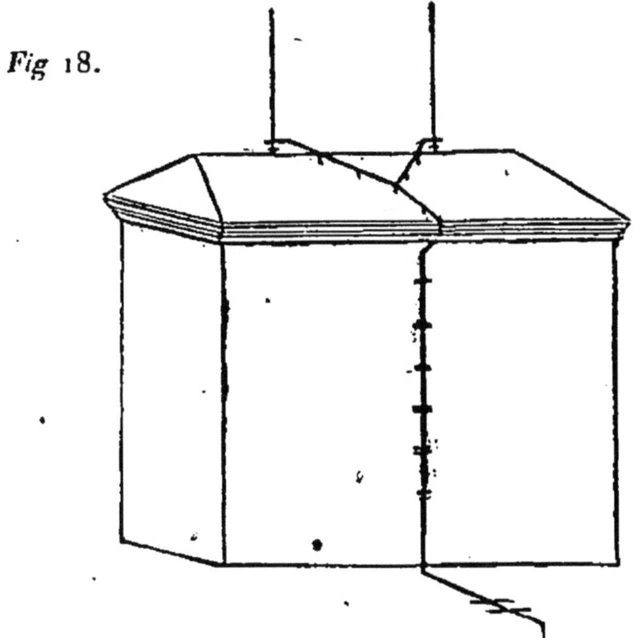

Fig ı8.

l'autre (*fig*. 18). Pour trois ou un plus grand

nombre de paratonnerres, on suivrait la même
règle.

Les paratonnerres des tours et des clochers, en
raison de leur grande élévation, doivent certainement étendre leur sphère d'action plus loin que
s'ils étaient moins élevés; mais cette action s'é-
tend-elle, comme on l'a supposé pour des tiges de
5 à 10 mètres, à une distance double de la hauteur de leur pointe au-dessus des objets qu'ils dominent? Il est possible qu'elle s'étende même
plus loin; mais l'expérience ne nous ayant encore
rien appris à cet égard, il sera prudent d'armer
les églises de paratonnerres, en admettant que
ceux des clochers ne protégent efficacement autour d'eux qu'un espace d'un rayon égal à leur
hauteur au-dessus du faîtage de leur toit. Ainsi,
le paratonnerre d'un clocher, s'élevant de 30 mètres au-dessus du toit d'une église, ne le défen-
drait plus à 30 mètres de l'axe du clocher; et si
le toit s'étendait au delà, il serait nécessaire d'y
placer des paratonnerres, d'après la règle que
nous avons prescrite pour les édifices peu élevés
(*fig.* 19 et 20, pages 63 et 64).

Fig. 19.

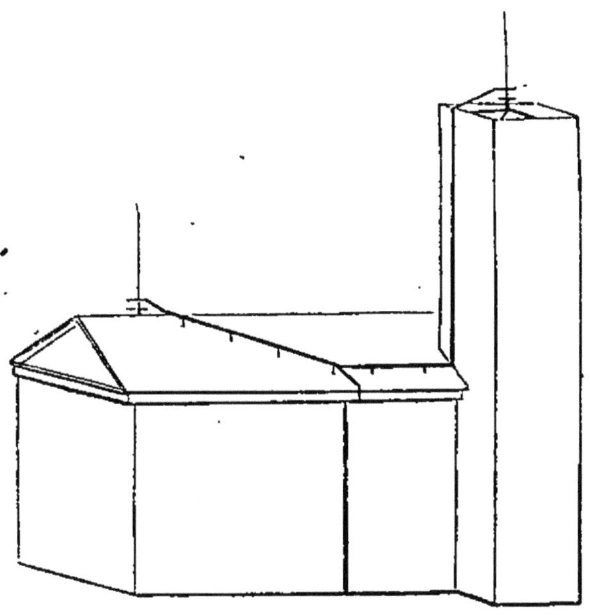

Disposition générale des conducteurs des paratonnerres.

Quoique nous ayons déjà beaucoup insisté sur la condition d'établir une communication très-intime entre la tige des paratonnerres et le sol, son importance nous détermine à la rappeler encore. Elle est telle, que, si elle n'était pas remplie, non-seulement les paratonnerres perdraient beaucoup de leur efficacité, mais que même ils pourraient devenir dangereux, en appelant la foudre sur eux, quoique dans l'impuissance de la conduire dans le sol. Les autres conditions dont il nous reste à parler sont sans doute moins es-

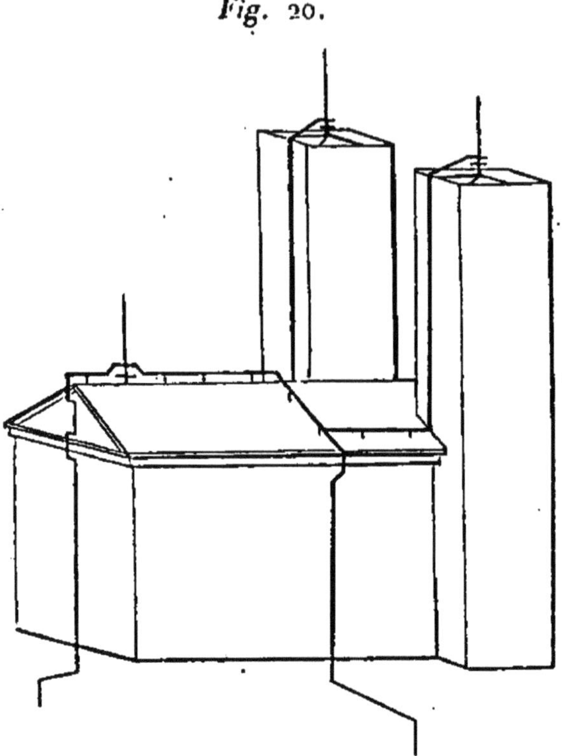

Fig. 20.

sentielles que cette dernière, mais elles n'en mé-ritent pas moins qu'on y ait égard.

On doit toujours faire parvenir la foudre, depuis la tige du paratonnerre jusque dans le sol, par la voie la plus courte.

Conformément à ce principe, lorsqu'on placera deux paratonnerres sur un édifice, et qu'on leur donnera un conducteur commun, ce qui est, en effet, suffisant, on fera concourir en un point sur le toit, à égale distance de chaque tige, les portions des conducteurs qui ne peuvent être communes; et, à partir de ce point, une barre de fer, de la même dimension que pour un seul paratonnerre, servira de conducteur aux deux (*fig.* 18, et 19, page 66).

Fig. 18.

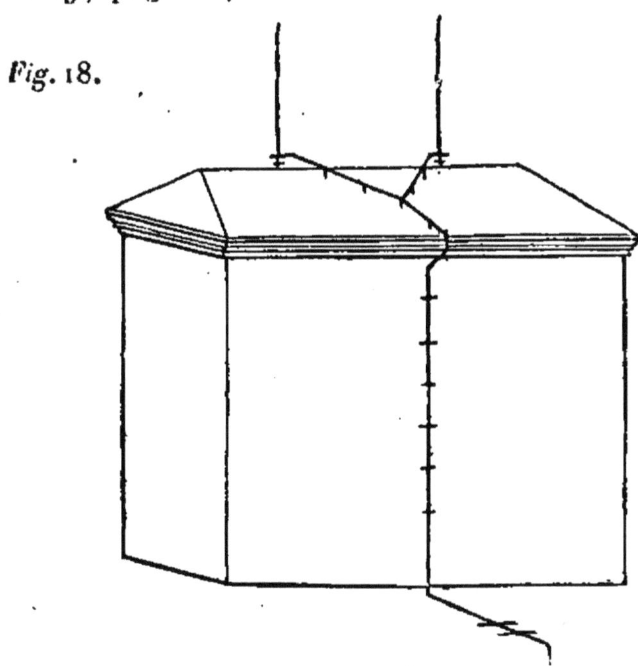

Lorsqu'on aura trois paratonnerres sur un édifice, il sera prudent de leur donner deux conducteurs (*fig.* 20, page 64). En général, chaque paire de paratonnerres exige un conducteur particulier.

4.

Quel que soit le nombre des paratonnerres placés sur un édifice, on les rendra tous solidaires, en établissant une communication intime entre les pieds de toutes leurs tiges, au moyen de barres de fer de mêmes dimensions que celles des conducteurs (*fig.* 20, 21, 22, pages 67, 68, 69).

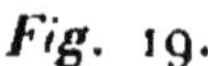

Fig. 19.

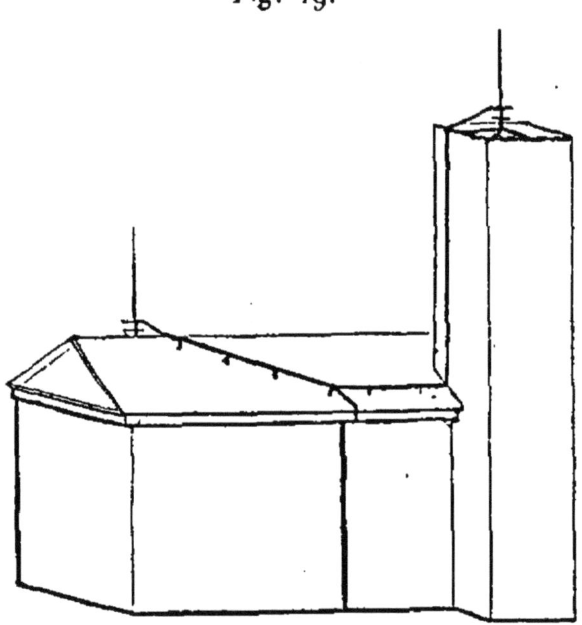

Lorsque les localités le permettront, on placera les conducteurs sur les murs des bâtiments qui font face au côté d'où viennent le plus fréquemment les orages dans chaque lieu. En effet, ces murs étant exposés à être mouillés par la pluie,

deviennent des conducteurs, quoique imparfaits,
en raison de la mince nappe d'eau qui les couvre ;
et si le conducteur du paratonnerre n'était pas en

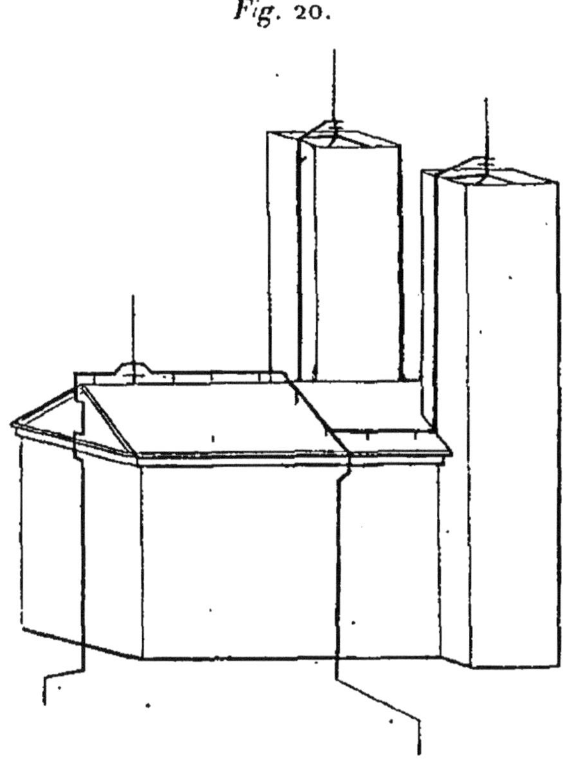

Fig. 20.

communication intime avec le sol, il serait possible que la foudre l'abandonnât pour se précipiter sur la face mouillée. Un autre motif encore,
c'est que la direction de la foudre peut être déter-
minée par celle de la pluie, et qu'en outre la face
mouillée peut, comme conducteur, appeler la fou-

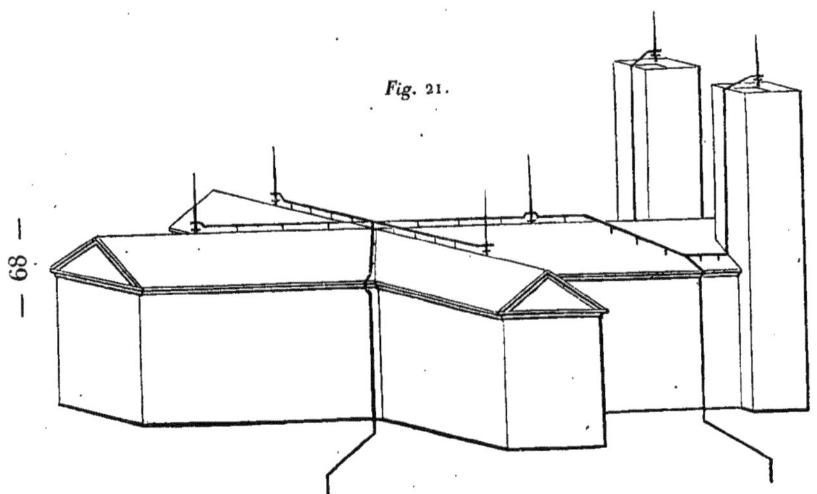

Fig. 21.

dre de préférence au paratonnerre. C'est surtout pour les clochers que cette observation est importante, et qu'il est nécessaire d'y avoir égard.

Fig. 22.

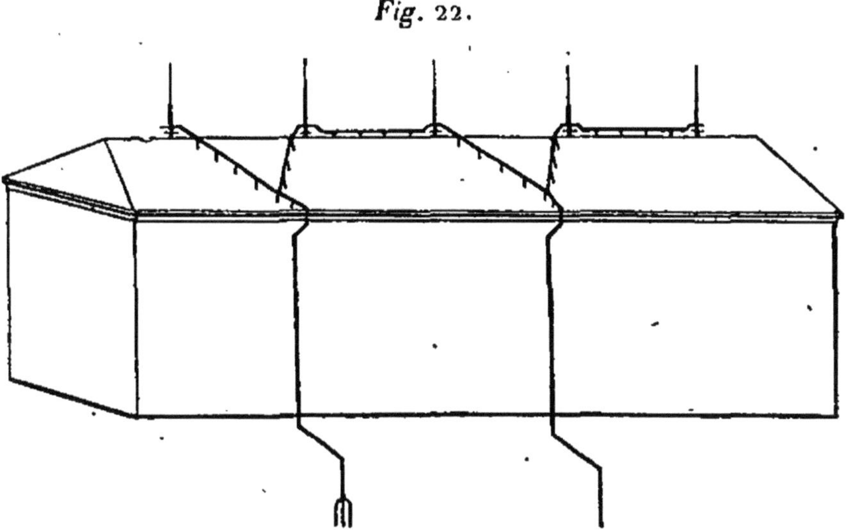

Observations sur l'efficacité des paratonnerres.

Une expérience de cinquante années sur l'efficacité des paratonnerres démontre que, lorsqu'ils ont été construits avec les soins convenables, ils garantissent de la foudre les édifices sur lesquels ils sont placés. Dans les État-Unis d'Amérique, où les orages sont beaucoup plus fréquents et plus redoutables qu'en Europe, leur usage est devenu populaire ; un très-grand nombre de bâtiments ont été foudroyés, et l'on en cite à peine deux qu'ils

n'aient pas mis entièrement à l'abri des atteintes
de la foudre. Tout le monde sait que les parties
métalliques, sur un édifice, sont frappées de préférence par la foudre, et ce fait seul démontre
l'efficacité des paratonnerres, qui ne sont que des
barres métalliques disposées de la manière la plus
avantageuse, d'après les connaissances acquises
sur la matière électrique par la théorie et l'expérience. La crainte d'une chute plus fréquente de
la foudre sur les édifices armés de paratonnerres
n'est pas fondée, car leur influence s'étend à une
trop petite distance pour qu'on puisse croire qu'ils
déterminent la foudre d'un nuage à se précipiter
dans le lieu où ils sont établis. Il paraît, au contraire, certain, d'après l'observation, que les
édifices armés de paratonnerres ne sont pas
foudroyés plus fréquemment qu'avant qu'ils le
fussent. D'ailleurs la propriété d'un paratonnerre
d'attirer plus fréquemment la foudre supposerait
aussi celle de la transmettre librement dans le sol,
et dès lors il ne pourrait en résulter aucun inconvénient pour la sûreté des édifices.

Nous avons recommandé l'usage des pointes aiguës pour les paratonnerres, parce qu'elles ont
l'avantage sur les barres arrondies à leur extrémité, de verser continuellement dans l'air, sous
l'influence du nuage orageux, un torrent de ma-

tière électrique de nature contraire à la sienne, qui doit très-probablement se diriger vers celle du nuage, et en partie la neutraliser. Cet avantage n'est point du tout à négliger ; car il suffit de connaître le pouvoir des pointes, et les expériences de Charles et de Romas avec un cerf-volant sous un nuage orageux, pour rester convaincu que les paratonnerres en pointe, s'ils étaient plus multipliés et placés sur des lieux élevés, diminueraient réellement la matière électrique des nuages et la fréquence de la chute de la foudre sur la surface de la terre.

Cependant, lorsque la pointe d'un paratonnerre aura été émoussée par la foudre ou par une cause quelconque, il ne faudra pas croire, parce qu'elle aura perdu l'avantage dont on vient de parler, qu'elle ait aussi perdu son efficacité pour protéger le bâtiment qu'elle est destinée à défendre. Le docteur Rittenhouse rapporte qu'ayant souvent examiné et passé en revue, avec un excellent télescope de réflexion, les pointes des paratonnerres de Philadelphie, où ils sont en grand nombre, il en a vu beaucoup dont les pointes étaient fondues ; mais qu'il n'a jamais appris que les maisons où ces paratonnerres étaient établis eussent été frappées de la foudre depuis la fusion de leurs pointes. Or cela n'aurait pas manqué d'arriver à quelques-unes, au moins au bout d'un certain temps, si leurs paratonnerres n'avaient pas continué de bien faire leurs fonctions; car on sait, par nombre d'observations, que, lorsque le tonnerre est tombé en quelque endroit, il n'est pas rare de l'y voir retomber encore.

Pour que le fruit que l'on doit retirer de l'établissement des paratonnerres soit aussi grand que possible, et que l'on puisse profiter de l'expérience acquise sur une localité, pour la faire tourner à l'avantage général, nous formons le vœu que Son Excellence le Ministre de l'Intérieur, après avoir ordonné l'exécution d'une mesure réclamée depuis longtemps, et dont elle sent toute l'utilité, invite les autorités locales à lui transmettre fidèlement tous les renseignements relatifs à la chute de la foudre sur un édifice armé de paratonnerre. Ces renseignements seraient la source d'améliorations importantes et contribueraient, en faisant connaître les avantages d'un préservatif aussi simple et aussi sûr, à en rendre l'adoption plus générale.

SUPPLÉMENT

A

L'INSTRUCTION SUR LES PARATONNERRES,

PRÉSENTÉ

PAR LA SECTION DE PHYSIQUE (1),

MM. Becquerel, Babinet, Duhamel, Despretz, Cagniard de Latour, Pouillet rapporteur.

———— o ————

En 1823, l'Académie des Sciences avait chargé la Section de Physique de rédiger une Instruction spéciale sur les paratonnerres; M. Gay-Lussac fut choisi pour préparer ce travail, et son Rapport reçut bientôt l'approbation de la Section et celle de l'Académie. Depuis cette époque, l'Instruction sur les paratonnerres est devenue en quelque sorte un manuel populaire par la grande

(1) Extrait des *Comptes rendus des séances de l'Académie des Sciences,* tome XXXIX, page 1142, séance du 18 décembre 1854.

5

publicité qu'on lui a donnée de toutes parts. En France, l'Administration supérieure, qui avait demandé ce document, s'empressa de le répandre dans toutes les parties des services publics, afin que peu à peu on parvînt à protéger plus méthodiquement contre les effets de la foudre les cathédrales et les églises, si souvent menacées à cause de leurs dispositions architecturales, les fabriques de poudre, les magasins et les arsenaux, les bâtiments à voile ou à vapeur, enfin les édifices de toute espèce et les habitations privées. A l'étranger, ces préceptes généraux et pratiques, approuvés par l'Académie, furent de même accueillis avec empressement et confiance.

Il y a maintenant un siècle que pour la première fois on essaya les paratonnerres; mais leur efficacité ne pouvait pas être admise sans contradiction : les ignorants ne pouvaient pas croire que quelques baguettes de fer, ajustées d'une certaine manière, fussent capables de maîtriser la puissance de la foudre; et parmi les savants il se trouva aussi, sur ce point, bon nombre d'incrédules. De longues épreuves étaient donc nécessaires pour faire prévaloir cette vérité qui avait contre elle tout le monde, hormis Franklin et quelques physiciens d'Europe. Les contradicteurs scientifiques ne se bornaient pas à dire que les paratonnerres étaient inutiles, ils trouvaient des raisons de croire et de faire croire au public que les paratonnerres étaient nuisibles ; que, loin d'arrêter la foudre, leur présence en pouvait déterminer l'explosion et la rendre plus funeste. Ainsi, au lieu de rassurer les esprits, on ajoutait encore à la terreur si naturelle qu'inspire ce redoutable météore.

Ces objections n'ont pas empêché la vérité de se faire jour, mais elles en ont retardé le développement ; elles sont bien vieilles aujourd'hui, bien timides à se montrer, cependant elles agissent encore, on les rencontre de temps à autre, sinon dans le chemin de la science, du moins dans quelques sentiers voisins. L'Instruction publiée en 1823 n'a pas peu contribué à les affaiblir, non-seulement à cause de l'autorité que lui donnait le suffrage de l'Académie, mais encore par les règles pratiques qu'elle indiquait et qu'elle expliquait d'une manière si claire et si précise, qu'il n'y avait plus moyen de les mal interpréter. Les ouvriers eux-mêmes avec un peu d'attention parvenaient à comprendre ce qu'ils avaient à faire, et dès lors on n'avait plus à craindre dans la pose des paratonnerres ces erreurs qui auparavant étaient assez communes et qui suffisaient pour en paralyser l'efficacité.

Depuis trente et un ans de grands changements sont survenus, d'une part dans la science de l'électricité, d'autre part dans l'art des constructions, et l'on pourrait croire que les enseignements donnés à cette époque sur le sujet qui nous occupe sont aujourd'hui trop arriérés, qu'il faut les faire passer dans le domaine de l'histoire, et les recommencer sur de nouvelles bases. Mais les sciences ne procèdent pas ainsi, elles aiment les progrès, chaque jour elles en donnent la preuve, et cependant il est rare qu'elles aient à démolir; les agents naturels restent fidèles à leurs lois, l'action de l'électricité est aujourd'hui ce qu'elle fut toujours, seulement nous la connaissons un peu mieux; les faits observés de notre temps sont venus s'ajouter aux faits antérieurs sans leur porter la moindre atteinte. En 1823, la découverte de l'électro-magnétisme n'avait que trois ans de date, on était loin de prévoir les grands résultats dont elle devait si rapidement enrichir la science; cependant, malgré ces progrès considérables, inespérés, l'Instruction sur les paratonnerres n'a aucun besoin d'être réformée, du moins dans ses principes les plus essentiels. Pour ce qui tient à la nature des constructions, c'est un élément nouveau dont il faut tenir compte : en effet, dans un grand nombre

de cas les métaux remplacent aujourd'hui la pierre
et le bois; nos édifices deviennent en quelque
sorte des montagnes métalliques sur lesquelles
les nuages orageux ont incomparablement plus
de prise. Le Palais de l'Industrie, qui s'élève aux
Champs-Élysées, en est un exemple : il occupe
près de 3 hectares qu'il va couvrir d'une immense
construction ayant 4o mètres de hauteur, où il
entre partout, depuis la base jusqu'au sommet,
des masses énormes de fer, de fonte et de zinc.
La Compagnie qui a entrepris ce grand monument a désiré obtenir l'avis de l'Académie sur
l'ensemble des moyens qu'il y aurait à employer
pour le garantir des effets de la foudre. L'Académie a chargé la Section de Physique d'examiner cette demande et de lui en faire un Rapport;
à cette occasion nous avons dû reprendre l'Instruction de 1823, afin d'y introduire les modifications dont elle pourrait être susceptible.

C'est seulement d'une manière accidentelle
que l'Instruction s'occupe des édifices où il entre
des métaux; le seul passage qui s'y rapporte est
le suivant :

« Si le bâtiment que l'on arme d'un paraton-
» nerre renferme des pièces métalliques un peu
» considérables, comme des lames de plomb qui
» recouvrent le faitage et les arêtes du toit, des

» gouttières en métal, de longues barres de fer
» pour assurer la solidité de quelques parties du
» bâtiment, il sera nécessaire de les faire toutes
» communiquer avec le conducteur du paraton-
» nerre; mais il suffira d'employer pour cet objet
» des barres de 8 millimètres (3 lignes) de côté
» ou du fil de fer d'un égal diamètre. Si cette
» réunion n'avait pas lieu, et que le conducteur
» renfermât quelque solution de continuité, ou
» qu'il ne communiquât pas très-librement avec
» le sol, il serait possible que la foudre se por-
» tât avec fracas du paratonnerre sur quelqu'une
» des parties métalliques. Plusieurs accidents
» ont eu lieu par cette cause; nous en avons
» cité deux exemples au commencement de cette
» Instruction. »

Telles sont les indications qui avaient été données : bien qu'elles soient très-générales et peut-être un peu succinctes, elles pouvaient être suffisantes pour leur époque; mais nous pensons que le moment est venu d'entrer, à cet égard, dans de plus amples détails.

Autrefois, dans les constructions ordinaires, l'emploi des métaux était, en effet, restreint presque exclusivement aux faîtages, aux gouttières, aux tirants de consolidation; ce n'était que bien rarement, et comme par exception, que l'on rencontrait, soit une charpente de fer, soit une couverture de plomb, de cuivre ou de zinc, tandis que maintenant le métal prédomine de plus en plus, on le met partout, et, ce qui est un point important, on le met en grandes superficies et en grandes masses : couvertures de métal, charpentes de métal, poutres de métal, croisées de métal, colonnes de métal, et quelquefois peut-être murailles de métal. Alors les nuages orageux décomposent, par influence, des quantités d'électricité décuples ou centuples de celles qu'ils auraient décomposées sur les corps moins bons conducteurs, comme l'ardoise ou la brique, le bois, la pierre, le plâtre, le mortier et tous les anciens matériaux de construction. Ce nouveau système réalise donc sur une immense échelle ce que l'on objectait d'abord aux paratonnerres : il attire la foudre.

Quand l'objection s'appliquait aux paratonnerres, elle n'avait qu'une apparence de vérité : car il est vrai que le paratonnerre attire la foudre, mais il est vrai aussi qu'obéissant aux lois qu'elle a reçues, elle lui arrive en général sans bruit, sans éclat, et toujours infailliblement domptée et docile, ayant perdu toute sa puissance originelle de destruction. Quand l'objection, au contraire, s'applique à ces amas de substances

métalliques qui entrent dans nos constructions
actuelles, elle n'est pas seulement spécieuse, elle
est juste, profondément juste, fondée sur les lois
les mieux établies : ces constructions attirent,
en effet, la foudre, et rendent ses coups plus
désastreux. ·

Deux édifices, pareils pour la grandeur et la
forme, étant situés sur le même sol et disposés
de la même manière par rapport à un nuage
orageux, l'un construit en pierre et bois d'a-
près l'ancien système, l'autre en pièces métalliques d'après le nouveau, si les paratonnerres
manquent, et que les conditions soient telles,
que la foudre doive éclater, elle frappera toujours
ce dernier et jamais le premier, celui-ci se trou-
vant protégé par son voisin, dont les fluides sont
influencés plus vivement. Il arriverait là ce qui
arrive quand on présente en même temps aux conducteurs d'une machine électrique, à la même distance et de la même manière, une boule de pierre
-ou de bois et une boule de métal : c'est toujours
celle-ci qui reçoit l'étincelle dès que l'on approche
assez près pour qu'elle éclate. Les paratonnerres
sont donc d'autant plus indispensables que les
édifices contiennent de plus grandes superficies
et de plus grands volumes de substances métalliques.

Pour se faire une idée juste de toutes les causes qui concourent à l'explosion de la foudre, il ne faut pas considérer seulement les constructions, et, en général, tous les objets qui s'élèvent au-dessus du sol; il faut tenir compte encore du sol lui-même et de toutes les substances qui le constituent depuis sa surface jusqu'à de grandes profondeurs dans les entrailles de la terre. Un sol aride, composé d'une couche mince de terre végétale, sous laquelle se trouvent d'épaisses formations de sables secs, de calcaire ou de granit, n'attire pas la foudre, parce qu'il n'est pas conducteur de l'électricité; s'il est exposé à ses coups, ce n'est qu'accidentellement après les pluies qui en ont imbibé la surface. Là, les bâtiments participent jusqu'à un certain point au privilége du sol, à moins qu'ils ne soient construits dans le nouveau système et qu'ils n'occupent une étendue assez considérable. Mais, sous ce sol aride et sec, y a-t-il, à plusieurs dizaines de mètres de profondeur, de grands gisements métalliques, de vastes cavernes, des nappes d'eau ou seulement des fontaines abondantes, les nuages orageux exercent leur action sur ces matières conductrices, la foudre est attirée, elle éclate en franchissant l'intervalle; la croûte sèche n'est pas un obstacle insurmontable, elle

5.

peut être percée, fouillée, fondue, à peu près comme l'est une couche de vernis par l'étincelle électrique. Alors, malheur aux constructions qui se trouvent sur son passage : fussent-elles de pierre ou de bois, elles sont brisées comme le reste, à moins qu'elles n'aient à opposer pour défense un paratonnerre bien établi. Si ces couches humides ou métalliques se trouvent cachées à des profondeurs plus grandes, le danger de l'explosion diminue par deux causes : d'une part, l'enveloppe qui les couvre devient plus difficile à traverser ; d'une autre part, l'action des nuages s'affaiblit par l'augmentation de la distance. On peut citer en preuve les vallées étroites qui ont quelques centaines de mètres de profondeur : la foudre n'y pénètre jamais ; elle peut frapper les crêtes des collines, mais il est sans exemple qu'elle soit descendue jusqu'aux habitations, aux arbres ou aux ruisseaux qui en occupent les parties basses. Ces faits constants donnent en quelque sorte la mesure de l'accroissement de distance aux nuages qui est nécessaire pour être à l'abri du danger.

Il importe de bien remarquer que jamais la foudre ne s'élance sans savoir où elle va, que jamais elle ne frappe au hasard : son point de départ et son point d'arrivée, qu'ils soient simples ou multiples, se trouvent marqués d'abord par un rapport de tension électrique, et au moment de l'explosion, le sillon de feu qui les unit, allant à la fois de l'un à l'autre, commence en même temps par ses deux extrémités. Les herbes, les buissons, les arbres même sont des objets trop petits pour la foudre, ils ne peuvent pas être son but; s'ils sont frappés, c'est parce qu'ils se trouvent sur son chemin, c'est parce qu'il y a au-dessous d'eux des masses conductrices plus étendues qui sont le but caché d'attraction, qui reçoivent au large l'influence et déterminent l'explosion.

Ainsi les lieux les plus exposés sont les lieux qui, étant les plus rapprochés des nuages, sont en même temps découverts, humides et bons conducteurs; les arbres élevés sur les sommets des côteaux sont soumis à la première condition, les vaisseaux au milieu de la mer sont soumis à la seconde, et il se peut trouver à une hauteur moyenne des localités qui tiennent assez de l'une et de l'autre pour recevoir à la fois les coups les plus fréquents et les plus terribles; car le coup d'un même nuage orageux peut être fort ou faible, suivant l'étendue grande ou petite du corps conducteur qui le fait éclater.

Nous citerons ici quelques faits qui nous paraissent propres à faire mieux comprendre ces principes généraux, et en même temps à justifier les modifications que nous avons à proposer dans la construction du paratonnerre.

Le 19 avril 1827, le paquebot *le New-York*, de 520 tonneaux, venant de New-York à Liverpool, reçut deux coups de foudre; il était alors par 38 degrés de latitude nord et 63 degrés de longitude occidentale; par conséquent à 600 kilomètres des terres les plus voisines.

Au premier coup, n'ayant point de paratonnerre, il eut à éprouver de graves dégâts, comme on en peut juger par ce seul fait bien digne de remarque : un tuyau de plomb, communiquant du cabinet de toilette à la mer, fut mis en fusion; il avait cependant *huit centimètres* de diamètre et *treize millimètres* d'épaisseur.

Au deuxième coup le paratonnerre était établi; il se composait d'une baguette de fer conique ayant 1^m,20 de longueur, 11 millimètres de diamètre à la base, et d'une chaîne d'arpenteur longue d'environ 40 mètres, établissant la communication entre la mer et le pied du paratonnerre. Cette chaîne était faite avec du fil de fer de 6 millimètres de diamètre; les chaînons avaient 45 centimètres de longueur, terminés en boucles; aux deux bouts ils étaient réunis par des anneaux ronds.

A l'instant de l'explosion, tout le bâtiment fut éclairé d'une vive lumière; en même temps la chaîne était dispersée de toutes parts, en fragments brûlants ou en globules enflammés; le paratonnerre lui-même. était fondu sur une longueur de 3o centimètres à partir de la pointe, la fusion s'arrêtant au diamètre de 6 millimètres. Ces globules de fer en combustion, gros comme des balles, mettaient le feu sur le pont en cinquante endroits, malgré une couche de grêle qui le couvrait, malgré la pluie qui tombait à flots. Le reste du paratonnerre était en place, avec un bout de chaînon de 8 centimètres, et le plus gros fragment de la chaîne retrouvé sur le pont n'avait pas 1 mètre de longueur; il portait des boursouflures qui accusaient l'action du feu.

A ce premier fait nous en joindrons un second plus récent; nous l'empruntons encore aux événements de la mer, parce qu'en général ils sont décrits à l'instant même, et avec précision, par des hommes qui ont l'habitude d'observer. Celui-ci est extrait de la Relation que M. le Ministre de la Marine a adressée dernièrement à l'Académie des Sciences :

Le 13 juin 1854, dans la baie de Baltchick, à 7 heures du soir, le tonnerre est tombé sur le vaisseau à deux ponts *le Jupiter*, faisant partie de l'escadre de la mer Noire.

Les chaînes des paratonnerres étaient en place; celle du grand mât, qui a reçu le coup, plongeait dans la mer de 2 mètres, portant à son extrémité un boulet de 2 kilogrammes.

Au moment de l'explosion on a vu une vive lumière; l'intensité du bruit et les tourbillons de fumée ont fait supposer d'abord que c'était un coup de canon parti de l'une des batteries, mais l'erreur n'a duré qu'un instant; la chaîne du paratonnerre avait disparu, on en voyait partout les débris; le gaillard d'arrière, la dunette, le porte-hauban en étaient couverts; plusieurs hommes de l'équipage en avaient reçu dans leurs vêtements, trois d'entre eux en étaient légèrement blessés.

Cette chaine, d'environ 70 mètres de longueur, qui descendait du pied du paratonnerre jusqu'à la mer, en suivant d'abord la flèche de cacatois, puis en passant dans de larges anneaux de cuivre le long d'un galhauban de perroquet, n'était autre chose qu'un câble à trois torons, formé en tout d'une soixantaine de fils de laiton; chacun pouvait avoir d'un demi à deux tiers de millimètre d'épaisseur.

La foudre en avait fait des milliers de morceaux

plus petits que des épingles ; cependant, au milieu
de cet amas de fragments épars, on trouvait encore, çà et là, quelques bouts du câble lui-même ;
ceux-ci avaient tout au plus quelques décimètres
de longueur ; on voyait à leur surface ces cou-
leurs violettes que le feu donne au métal, et, en
effet, les premiers qu'on a touchés étaient encore .
brûlants.

Ces deux exemples suffisent pour faire connaître que, dans quelques circonstances, un paratonnerre peut être foudroyé ; mais ils font
connaître aussi que, même dans ce cas, le paratonnerre n'est pas absolument inutile, puisqu'il reçoit la décharge, puisqu'il la dirige encore,
et, par là, détourne les coups qui en tombant à
côté de lui auraient fait beaucoup plus de mal.

En définitive, *le Jupiter* n'a eu aucune avarie,
tandis que, non loin de lui, d'après la même
relation, un vaisseau turc, qui avait aussi un
paratonnerre, mais dont la chaîne n'était pas à
l'eau, ayant reçu pareillement un coup de foudre
pendant le même orage, a eu dans son flanc, un
peu au-dessus du cuivre et près de la flottaison,
un trou de plus de 3o centimètres de profondeur, et tel à peu près qu'aurait pu le faire un
boulet de canon.

Cependant un paratonnerre, au lieu d'inspirer -

la confiance, ferait naitre des craintes trop légitimes si, lorsqu'il est bien établi et en .bon état, il y avait la moindre probabilité qu'il pût être ainsi frappé, rompu. en pièces brulantes, et lancé au loin.comme une mitraille ou comme une pluie de feu.

La question est donc de savoir si de tels accidents sont inévitables, s'ils tiennent essentiellement à la nature des choses, ou s'ils dépendent seulement de quelques vices de construction particuliers aux appareils dont un seul éclat de tonnerre fait tant de débris.

Or les faits que nous venons de rapporter, et tous les autres faits plus ou moins analogues que l'on pourrait trouver dans l'histoire de la foudre et de ses phénomènes, si souvent extraordinaires, ne laissent aucun doute sur ce point : tous les paratonnerres qu'elle a détruits étaient de mauvais appareils, insuffisants, mal construits, non conformes aux principes que la théorie a pu déduire de l'expérience. Ce n'est pas que le paratonnerre soit fait.pour n'être jamais foudroyé ; au contraire, il est fait pour l'être souvent, mais pour l'être à sa manière, et pour résister toujours, même aux coups les plus violents.

Examinons, en effet, les appareils du *New-York* et du *Jupiter*.

Le paratonnerre du *New-York* avait plusieurs vices de construction : sa tige était trop mince et trop effilée ; son conducteur était d'une section beaucoup trop petite ; de plus, la forme de chaine n'est jamais admissible, elle doit être exclue très-sévèrement de tout emploi de cette nature. En voici les raisons : les anneaux ne se touchent qu'imparfaitement, à cause des altérations du métal et des souillures diverses qui s'y attachent ; et, en admettant même que les surfaces des points de contact soient bien nettes et métalliques, il arrive toujours qu'elles sont trop étroites, et qu'une faible décharge, resserrée sur ces points, suffit pour y mettre le fer en fusion et en combustion.

La nature de ces défauts indique la nature du remède ; seulement on pourrait craindre qu'il ne fallût porter la section des tiges et celle des conducteurs à de telles dimensions, que l'établissement d'un bon paratonnerre ne fût une chose très-difficile et à peu près impraticable dans un grand nombre de cas. Ces craintes sembleraient même justifiées par la première décharge électrique qui tomba sur *le New-York*, puisqu'elle fut capable d'y fondre un tuyau de plomb qui avait une section métallique de près de 3o centimètres carrés. Mais ce fait ne prouve rien autre chose que ce qui

était déjà parfaitement prouvé par les expériences
de laboratoire, savoir : que le plomb est le plus
mauvais métal que l'on puisse employer comme
conducteur de paratonnerre, parce qu'il est trop
fusible et trop mauvais conducteur de l'électricité. Ces mêmes expériences indiquent qu'il faut,
au contraire, choisir le fer et le cuivre rouge :
alors on arrive à des dimensions éminemment pra-
ticables et à des prix de revient qui n'ont rien
d'exorbitant. Il n'y a pas d'exemples qui montrent
que la foudre ait jamais été capable de mettre en
fusion des tringles de fer de 2 centimètres de diamètre ou de 3 centimètres carrés de section; et,
bien que le cuivre rouge soit beaucoup plus fusible que le fer, il peut être employé en dimensions
encore plus réduites, parce qu'il est, avec l'or,
l'argent et le palladium, parmi les meilleurs conducteurs des fluides électriques.

Le paratonnerre du *Jupiter*, quoique mieux
établi que le précédent, avait aussi un vice radical
de construction. Nous ne dirons rien de la tige,
faute de détails suffisants sur les modifications que
la décharge a pu y produire, on se borne à dire
qu'elle a été tordue; nous ne parlerons que du
câble de fil de laiton qui formait le conducteur.
Nous avons dit quels phénomènes singuliers de
brisement et de projection il a présentés; on peut

se rendre compte de ces effets de la manière suivante : on peut croire d'abord qu'il avait simplement une section trop petite, et qu'il a été dispersé
par cette cause à peu près comme la chaîne du
New-York; car il a été bien démontré par Van-
Marum, en 1787, que le laiton jouit particulièrement de la propriété d'être brisé en mille pièces
par une décharge électrique. Cependant les nom-
breux fragments du câble qui nous sont parvenus,
et que nous avons pu examiner sous tous les as-
pects, ne portent que quelques traces de fusion ;
de plus, il arrive qu'aucune de ces traces ne s'é-
tend à l'épaisseur entière du câble, toutes sont li-
mitées à un groupe de quelques-uns des soixante
fils qui le constituent. Cette circonstance nous
semble démontrer que la décharge ne s'est pas
propagée également par tous les fils, que ceux
qu'elle a suivis, étant insuffisants pour la transmettre, ont dû être les uns fondus, les autres bri-
sés ou volatilisés avec cette vive explosion qui ac-
compagne toujours les volatilisations électriques.
De là cette rupture du câble et cette projection
en fragments de quelques décimètres de longueur
qui, brûlants à la main, n'étaient pas cependant
chauffés au point d'enflammer le bois et les autres
corps combustibles.

Cette explication toutefois soulève une question

singulière, la question de savoir si, dans un câble
de fils pareils, commis et tordus ensemble, la
foudre peut en effet choisir quelques fils de préférence au reste, surtout quand leur entière réunion est à peine suffisante pour lui donner un
libre passage. Nous n'hésitons pas à répondre af-
firmativement, du moins sous certaines conditions. Sans doute, si aux deux extrémités du
câble, sur une longueur d'environ 1 décimètre,
les fils, d'abord étamés séparément, étaient ensuite soudés ensemble pour former en quelque
sorte un cylindre métallique, jamais il n'arriverait
que l'électricité naturelle ou artificielle, ayant à
circuler dans la longueur entière du câble, mon-
trât quelque préférence pour l'un ou pour l'autre
de ces fils pareils : devenus solidaires, ils subi-
raient la même loi, ils résisteraient ensemble, ils
seraient fondus, volatilisés ensemble. Mais si cette
condition n'est pas remplie, si aux deux extrémités ; ou plus généralement aux deux points de
jonction avec les autres conducteurs, les fils se
trouvent isolés entre eux par des couches de pous-
sière ou d'oxyde ; si, de plus, le câble ne touche
ces conducteurs que par ses fils superficiels, alors
les choses se passent tout autrement : les fils ne
sont plus ni égaux ni solidaires, l'électricité choisit ou plutôt elle prend ceux qui sont en contact

avec les conducteurs, et que la torsion du câble
amène tantôt à la surface, tantôt au centre du fais-
ceau ; ces fils, réduits en petit nombre, deviennent incapables de supporter l'effort, et le câble
entier, brisé par l'explosion, présente infailliblement tous les phènomènes qui se sont produits à
bord du *Jupiter*, et qui ont été si bien décrits par
le commandant M. Lugeol.

Ces imperfections graves que nous venons de
signaler dans deux paratonnerres foudroyés, bien
qu'elles soient différentes à quelques égards, re-
montent cependant à la même origine et dépendent de la même cause : l'*insuffisance de section*.
Dans le premier, cette insuffisance est apparente
et en quelque sorte constitutive : un fil de fer de
6 millimètres d'épaisseur ne présente qu'une section neuf ou dix fois trop petite ; dans le second,
cette insuffisance est plutôt cachée et accidentelle, parce qu'elle résulte de jonctions mal faites.
C'est sur ce dernier point que nous devons surtout appeler l'attention.

Les deux règles les plus fondamentales de la
construction du paratonnerre et de ses conducteurs sont :

1°. Qu'ils aient partout une section suffisante ;

2°. Qu'ils soient continus et sans lacune depuis
la pointe de la tige jusqu'au réservoir commun.

Mais il faut bien expliquer ce que doit être cette continuité, car on peut, à la rigueur, l'entendre de deux manières : on peut admettre que deux pièces de métal qui se touchent forment un ensemble assez continu pour l'électricité ; on peut admettre, au contraire, que le plus souvent ce simple contact est l'équivalent d'une lacune, à cause de l'oxydation qui se produit avec le temps et des corps étrangers qui se déposent entre les surfaces.

L'Instruction de 1823, sans avoir adopté la première opinion, nous paraît n'avoir pas assez recommandé la seconde, qui, à notre avis, doit être exclusivement mise en pratique dans tout ce qui appartient aux paratonnerres.

Nous ne nierons pas, sans doute, qu'en multipliant les précautions et les soins, on ne puisse parvenir à joindre et à boulonner deux pièces de fer cu de cuivre assez étroitement pour qu'elles offrent au fluide électrique un assemblage véritablement continu ; mais quand les joints doivent se multiplier, nous craignons quelques négligences des ouvriers, et par-dessus tout nous craignons les altérations chimiques des surfaces, les dépôts des diverses matières étrangères ; enfin les dislocations mécaniques qui se produisent aussi avec le temps et par des secousses répétées. En conséquence, nous regardons comme indispensables les deux règles pratiques suivantes :

Première règle.— Réduire autant que possible le nombre des joints sur la longueur entière du paratonnerre, depuis la pointe jusqu'au réservoir commun.

Deuxième règle. — Faire au moyen de la soudure à l'étain tous ceux de ces joints qu'il est nécessaire de faire sur place, soit à cause de la forme, soit à cause de la longueur des pièces.

Ces soudures à l'étain, qui devront toujours se faire sur des surfaces ayant au moins 10 centimètres carrés, seront en outre consolidées par des vis, des boulons ou des manchons.

Ces précautions nous semblent commandées par la prudence, surtout pour les édifices où il entre beaucoup de métal, pour ceux qui sont placés sur un vaste sol bon conducteur, enfin pour les bàtiments de mer ; parce que ce sont là, comme nous l'avons dit, les conditions qui donnent, pour un même nuage orageux, les flux électriques les plus considérables.

Troisième règle. — Une troisième règle, à laquelle nous attachons aussi de l'importance, est de ne pas amincir autant qu'on le fait, en général, le sommet de la tige du paratonnerre. A notre avis, l'extrémité supérieure du fer ne doit pas

avoir moïns de 3 centimètres carrés de section,
par conséquent 2 centimètres de diamètre; on y
fera à la lime et dans l'axe un cylindre ayant
1 centimètre de diamètre et un centimètre de
hauteur, qui sera ensuite taraudé; sur cette vis
saillante on adaptera un cône de platine de 2 centimètres de diamètre à la base et d'une hauteur
double, c'est-à-dire de 4 centimètres; l'angle
d'ouverture à la pointe aiguë étant ainsi de 28 à
3o degrés; ce cône de platine, d'abord plein, sera
creusé et taraudé pour faire écrou sur la vis, ensuite il sera soigneusement soudé au fer, à la soudure forte, pour composer avec lui un tout continu et sans vides.

Indiquons les raisons de ce changement.

Quelque grand que soit un nuage orageux, quelque considérable que puisse être son intensité
électrique, il est certain que, s'il était assez loin
du paratonnerre et que s'il s'en approchait assez
lentement, il n'y aurait aucune explosion de la
foudre : le paratonnerre exercerait d'une manière
efficace son *action préventive*; sans neutraliser
complétement la puissance électrique du nuage,
il la réduirait dans une énorme proportion; et,
dans ce cas, il ne protégerait pas seulement un
cercle restreint autour de lui, il aurait de plus
protégé par anticipation, dans une certaine me-

sure, tous les objets au-dessus desquels ce nuage doit passer dans sa course ultérieure. C'est pour augmenter encore cette action préventive si remarquable que nous donnons au paratonnerre, dans toute sa longueur, cette continuité métallique absolue qui la favorise à un haut degré. La pointe aiguë, d'un angle de 3o degrés, que nous substituons à la pointe aiguë et beaucoup plus effilée dont on se sert généralement, n'empêche pas cette action, bien qu'elle soit moins propre à la favoriser quand les distances sont petites et les intensités faibles ; mais elle a une incontestable supériorité par la résistance incomparablement plus grande qu'elle oppose à la fusion, résistance que nous jugeons nécessaire.

En effet, il faut bien se poser cette question : Un bon paratonnerre peut-il être foudroyé, à la manière d'un mauvais paratonnerre, à la manière des autres objets terrestres, c'est-à-dire par un éclair, par une explosion soudaine ? Or, à cette question nous ne trouvons dans les faits jusqu'à présent connus rien qui nous autorise à faire une réponse négative absolue. Nous dirons seulement que ce phénomène, s'il se produit, ne peut se produire que sous la condition qu'une force électrique considérable se développe subitement dans le voisinage du paratonnerre. C'est là tout ce que nous pouvons déduire aujourd'hui des lois encore imparfaitement connues de l'électricité atmosphérique ; et il n'est pas impossible que cette condition se trouve quelquefois remplie, soit par les actions multiples et diverses qui s'exercent entre des nuages différents, soit par des condensations rapides, analogues à celles qui donnent tout à coup des masses d'eau ou de grèle, soit enfin par d'autres causes dont notre ignorance actuelle ne nous permet pas d'apercevoir l'origine.

Ce phénomène, nous n'en doutons pas, sera très-rare et, si l'on veut, tout à fait exceptionnel ; mais il suffit qu'il ne soit pas impossible pour que nous en tirions cette conséquence pratique : qu'il est indispensable de constituer le paratonnerre, non-seulement pour qu'il ne soit pas détruit par la foudre, mais encore pour qu'il n'en puisse éprouver aucun dommage capable d'affaiblir sa puissance protectrice.

La pointe mince et effilée ne remplit pas cette condition ; car il ne faut pas un coup de foudre bien vif pour qu'elle soit émoussée, ou même pour que la tige qui la porte soit ramollie à un tel point, que, par son poids, elle se courbe en forme de crosse, et s'il arrive que le coup soit violent, la pointe et une longueur plus ou moins considérable de la tige tombent en globules enflammés..

Après de tels accidents, si le conducteur lui-
même n'a reçu aucune atteinte, il est vrai que le
paratonnerre n'est pas précisément hors de ser-
vice, mais il est certain aussi qu'il a perdu tout
l'avantage que l'on avait recherché en lui donnant une pointe à angle très-aigu. Un appareil
ainsi dégradé reste encore très-propre à recevoir
d'autres coups de foudre et à protéger autour de
lui dans un certain rayon, mais il est devenu im-
propre à exercer aucune action préventive, puis-
que le sommet de la tige n'est plus qu'une masse
informe recouverte d'une couche épaisse d'oxyde.

Dans ses deux états il représente les deux opi-
nions extrêmes qui, à diverses époques, ont été
émises sur les paratonnerres; avant le coup de
foudre il représente l'opinion de ceux qui demandent exclusivement au paratonnerre une action
préventive; après le coup de foudre il représente
l'opinion de ceux qui, ne comptant pour rien l'action préventive, demandent seulement que le
paratonnerre puisse être foudroyé sans dommage.
Nous ne prétendons pas donner satisfaction à
tout le monde, mais nous avons la ferme confiance qu'il est possible de constituer un paratonnerre qui résiste parfaitement aux plus violents coups de foudre et qui possède, après
comme avant, une action préventive très-efficace.

Tel est le but des trois règles pratiques que nous venons de donner.

Pour le surplus, nous renvoyons à l'Instruction de 1823, car il n'est venu à notre connaissance aucun fait qui conduise à modifier les règles générales qu'elle propose :

1°. Pour la section des conducteurs, qu'elle fixe à $2^{cq},25$ (2 centimètres carrés et un quart), c'est-à-dire à 15 millimètres de côté pour le fer carré et 17 millimètres de diamètre pour le fer rond ;

2°. Pour la manière d'établir les conducteurs sur les couvertures des divers édifices ;

3°. Pour la manière de les mettre en communication avec le réservoir commun.

Après avoir examiné tout ce qui appartient à la construction et à la pose du paratonnerre, le sujet qui nous occupe n'est pas épuisé ; il reste encore une question importante et difficile à résoudre : c'est la question de savoir à quel point il faut multiplier les paratonnerres, ou, en d'autres termes, quel est le *cercle de protection* qu'il est permis d'attribuer à un paratonnerre bien établi.

Quelques anciennes observations paraissent avoir constaté des coups de foudre sur des parties de bâtiments qui se trouvaient à une distance de la tige égale à trois ou quatre fois sa hauteur au-dessus de leur niveau. En conséquence, à la fin du siècle dernier, c'était une opinion généralement reçue, que le cercle de protection du paratonnerre n'avait pour rayon que deux fois la hauteur de la tige. L'Instruction de 1823 ayant trouvé cette pratique établie, a cru devoir l'adopter. Cependant elle y apporte quelques restrictions : par exemple, en ce qui regarde les paratonnerres des clochers, elle admet, s'ils s'élèvent de 3o mètres au-dessus du comble des églises, que, pour ces combles, le rayon du cercle de protection se réduit à 3o mètres, au lieu de 6o.

Il importe de rappeler que ces règles, bien qu'elles soient appliquées depuis longtemps, reposent sur des bases où il entre beaucoup d'arbitraire ; et, si nous faisons cette remarque, ce n'est pas pour les condamner, mais seulement pour empêcher qu'on ne leur attribue une valeur qu'elles sont loin d'avoir. Ne suffirait-il pas, en effet, que, d'époque en époque, elles fussent ainsi admises traditionnellement et de confiance pour que l'on se crût dispensé de les soumettre à quelque contrôle, pour que l'on négligeàt de faire sur ce point des observations qui pourraient se présenter et qui fourniraient à la science des documents qui lui manquent presque complétement?

Ce n'est qu'avec ces réserves et faute de données assez nombreuses et assez certaines que nous admettons ces règles reçues sur la grandeur du cercle qu'un paratonnerre protége autour de lui. Nous ajouterons de plus, pour ceux qui pourront observer des faits qui s'y rapportent, qu'elles ne peuvent pas être générales et absolues; qu'elles dépendent d'une foule de circonstances, et particulièrement des matériaux qui entrent dans les constructions. Nous croyons, par exemple, que le rayon du cercle de protection ne peut pas être aussi grand pour un édifice dont les couvertures ou les combles sont en métal que pour un édifice qui n'aurait, dans ses parties supérieures, que du bois, de la tuile ou de l'ardoise. En effet, dans ce dernier cas, la portion active du nuage orageux, quoique notablement plus éloignée du paratonnerre que de la couverture, exerce cependant sur le paratonnerre une action plus vive; tandis que, dans le premier cas, ces deux actions doivent être à peu près égales pour une distance égale.

En terminant ici le développement de ces principes généraux, nous profiterons de l'occasion qui nous est offerte pour appeler de nouveau l'attention sur tout ce qui se rattache aux effets de la foudre et sur la nécessité de les bien observer. Chaque fois que le tonnerre tombe, près ou loin des paratonnerres, près ou loin des habitations, dans les plaines ou sur les montagnes, il est presque certain qu'il y a des observations importantes à faire sur les phénomènes qui se manifestent. On connaît, il est vrai, un grand nombre, malheureusement un trop grand nombre d'exemples de personnes tuées ou de maisons incendiées; on connaît aussi des exemples très-divers de métaux fondus, de charpentes brisées, de pierres ou même de murailles transportées au loin, enfin beaucoup d'autres effets analogues; mais ce qui manque en général, ce sont des mesures précises relatives aux distances, aux dimensions, aux positions des objets, soit des objets atteints, soit de ceux qui ne le sont pas : car il faut connaître aussi bien ce que le tonnerre épargne que ce qu'il frappe. C'est à tous les observateurs, et particulièrement aux officiers de la marine, de l'artillerie et du génie, aux professeurs, aux ingénieurs, aux architectes, qu'il appartient de bien constater ces phénomènes au moment même où ils se produisent, et de les bien décrire, au profit de la science comme au profit de l'économie publique. De telles descriptions, quand elles se rapportent à un coup de foudre, doivent, autant que possible, indiquer les traces de la foudre à son point le plus haut et à son point le plus bas; ensuite, par des sections horizontales bien repérées et assez multipliées, faire connaître les positions relatives de tous les objets dans un cercle assez étendu autour de ceux qui portent la marque de son passage.

L'Académie des Sciences recevra toujours des travaux de cette espèce avec un véritable intérêt.

Note spéciale pour les bâtiments de mer.

Le cuivre rouge a une grande supériorité sur le fer et le laiton dont on fait usage trop souvent pour composer le câble qui forme le conducteur du paratonnerre; il est moins altérable sous l'influence des agents atmosphériques, et surtout il peut être employé avec une section trois fois plus petite. Nous conseillons donc exclusivement les câbles de cuivre rouge; ils devront avoir 1 centimètre carré de section métallique : ainsi leur poids sera d'environ 900 grammes par mètre courant ou 90 kilogrammes les 100 mètres; les fils auront de 1 millimètre à 1^{mm},5 de diamètre; ils pourront être cordés à trois torons, comme à l'ordinaire.

Le paratonnerre peut n'avoir que quelques dé-

cimètres de longueur, y compris sa pointe, composée comme nous l'avons dit. Sa jonction avec
le câble sera faite dans l'atelier, à la soudure à
l'étain ; pour cela on pourra, par exemple, ména-
ger dans la tige un trou convenable, y passer le
câble et ramener le bout de 3 à 4 décimètres de
longueur pour le corder et l'arrêter avec le reste ;
ensuite le trou sera rempli d'une soudure qui im-
prègne tous les fils et qui forme aux points d'en-
trée et de sortie du câble une sorte de large hé-
misphère.

Avec cette disposition la tige du paratonnerre
ne peut plus se visser elle-même au sommet de la
flèche qui la reçoit, il faudra donc lui donner une
forme qui permette de la boulonner solidement
avec son support.

A son extrémité inférieure le câble sera ajusté
d'une manière analogue dans une pièce de cuivre
de forme convenable, et il faudra nécessairement
que cette pièce de cuivre soit mise elle-même en
permanente communication avec le doublage du
navire.

La précaution dont on use quelquefois d'isoler
la chaîne du porte-hauban est inutile ; et l'habitude de jeter la chaîne à la mer au moment de
l'orage est dangereuse : 1° en ce qu'il est possible
que l'on oublie de le faire ; 2° en ce que souvent il

ne suffit pas que la chaîne communique à l'eau de la mer par 2 à 3 décimètres carrés de surface.

Note spéciale pour le Palais de l'Exposition.

Les constructions du Palais de l'Exposition couvrent un rectangle de 100 mètres de largeur sur 250 mètres de longueur, sans compter les pavillons qui se trouvent en dehors et sur les quatre faces. La galerie centrale a 25 mètres de largeur, et la galerie rectangulaire qui lui est contiguë et qui l'enveloppe de toutes parts, seulement 28 mètres. Les fermes de cette grande charpente de fer sont à 8 mètres l'une de l'autre, elles sont reliées entre elles par des pannes en forme de cornières, par des moises et des entretoises ; et ce vaste ensemble est supporté par plusieurs centaines de colonnes de fonte, indépendamment du mur extérieur.

Le système de construction ne permet pas que les paratonnerres aient plus de 6 à 7 mètres de hauteur, et qu'ils soient posés ailleurs que sur les sommets des fermes. En conséquence on les établira de trois en trois fermes, c'est-à-dire à 24 mètres l'un de l'autre. Ainsi, la galerie rectangulaire aura trente paratonnerres, la galerie centrale neuf ou dix ; quant aux pavillons, ils en recevront plus ou moins, suivant leur étendue et leur position.

Un grand conducteur commun sera établi dans toute la longueur du chaîneau qui fait le tour de la galerie centrale, ayant ainsi 5oo mètres de développement ; il sera formé avec du fer portant 8 à 9 centimètres carrés de section, et métalliquement continu. Chaque paratonnerre sera muni d'un conducteur particulier qui viendra se souder au conducteur commun. Enfin le conducteur commun lui-même sera mis en communication avec le sol au moyen de quatre puits, au moins, qui seront creusés vers les quatre angles du rectangle ou vers les milieux des côtés, et qui devront être assez profonds pour avoir toujours 1 mètre d'eau. Il importe que ces puits soient éloignés les uns des autres ; il importe pareillement que les conducteurs qui viennent y perdre la foudre se trouvent en contact avec le liquide par de grandes surfaces, soit qu'on les y ramifie de diverses manières, soit que l'on y soude des feuilles larges et épaisses de tôle étamée, de zinc ou de cuivre.

Les paratonnerres des pavillons seront de même reliés au conducteur commun, ou au plus voisin de ses embranchements qui se dirigent vers les puits.

On doit remarquer qu'il se trouve environ 4o mètres de distance entre les pieds des paratonnerres correspondants de la galerie centrale et de la galerie rectangulaire, tandis que, d'après les règles reçues par rapport au cercle de protection, les paratonnerres de 7 mètres ne comporteraient qu'une distance de 28 mètres. Mais ces conditions sont imposées par la nature de la construction, qui ne permet, comme nous l'avons dit, de placer des paratonnerres qu'au sommet des fermes; au reste, il nous paraît que cet excès de distance ne peut pas avoir grand péril, puisqu'à partir du pied des paratonnerres la couverture ayant la forme d'un cylindre horizontal à base circulaire, va en s'abaissant rapidement.

Le Rapport est mis aux voix et adopté.

NOTE SPÉCIALE

POUR LES

NOUVELLES CONSTRUCTIONS DU LOUVRE [1].

COMMISSION COMPOSÉE

DE MM. BECQUEREL, BABINET, DUHAMEL, DESPRETZ,
CAGNIARD DE LATOUR, REGNAULT, DE SENARMONT,
POUILLET rapporteur.

M. le Ministre de l'Instruction publique et des Cultes a écrit à l'Académie pour lui demander des Instructions relativement aux paratonnerres qui doivent protéger contre la foudre les nouvelles constructions du Louvre; la Commission chargée de faire un Rapport à ce sujet vient présenter son travail à l'approbation de l'Académie.

Le Louvre est, en France, le premier monument public sur lequel on ait élevé des para

---

(1) Extrait des *Comptes rendus des séances de l'Académie des Sciences*, tome XL, page 405, séance du 19 février 1855. — *Voyez* aussi t. XXXIX, p. 1142, séance du 18 décembre 1854.

7

tonnerres : un Membre de l'ancienne Académie des Sciences, Le Roy, avait depuis longtemps sollicité cette mesure, qui fut enfin adoptée en 1782. Dans le cours des années suivantes, le Gouvernement se décidait à tenter de plus larges essais : en 1783, le Ministre de la Guerre consultait l'Académie des Sciences sur les moyens de garantir les magasins à poudre de Marseille, et la Commission chargée de rédiger cette première Instruction fut composée de Franklin, de Laplace, Coulomb, Le Roy et l'abbé Rochon ; en 1784, le Ministre de la Marine donnait, au même académicien Le Roy, une mission dans les ports de l'Océan, Brest, Lorient et Rochefort, pour qu'il y fît élever des paratonnerres tant sur les principaux établissements de la marine que sur les vaisseaux et les frégates qui se trouveraient en rade. Tels furent les débuts, un peu tardifs, de l'Administration dans cette voie nouvelle où elle avait été devancée par la plupart des Etats de l'Europe. Ce fait est d'autant plus remarquable, que trente ans auparavant, en 1752, la France avait précédé toutes les autres nations, même celles de l'Amérique, dans les expériences par lesquelles fut démontrée de la manière la plus décisive et la plus éclatante la vérité des conjectures de Franklin sur la nature de la foudre.

Cependant, comme nous venons de le dire, les paratonnerres du Louvre furent le premier signe auquel on put reconnaître que l'autorité supérieure prenait confiance dans la découverte; leur installation, dirigée par Le Roy, se trouvait à tous égards conforme à celle que recommandait l'année suivante la Commission académique dont Franklin faisait partie. C'est ainsi que les palais du Louvre et des Tuileries et ensuite leurs annexes ont été successivement protégés contre la foudre, sans qu'il fût nécessaire d'apporter au type primitif de 1782 aucune modification considérable.

Les nouvelles constructions du Louvre, qui se poursuivent si rapidement et qui sont destinées à compléter dans un vaste ensemble la réunion des trois palais, se composent de deux parties: l'une à droite, l'autre à gauche pour un observateur allant du Louvre vers le grand axe de l'Arc de Triomphe, des Tuileries et de l'Étoile. Ces deux parties restent séparées entre elles par un espace de 130 mètres, presque égal à la largeur de la cour du Louvre, car elles sont presque les prolongements extérieurs des deux côtés perpendiculaires à la colonnade, prolongements qui atteignent une longueur de 220 mètres et qui se font face l'un à l'autre; à leur extrémité, ils se replient à peu près à angle droit pour venir se rattacher l'un à la galerie de Rivoli continuée, l'autre à la galerie achevée du bord de l'eau. Ces retours forment ainsi deux nouvelles façades, de 65 mètres chacune, opposées aux Tuileries : la première, vis-à-vis l'angle du pavillon de Marsan, à la distance de 242 mètres ; la deuxième, vis-à-vis l'angle du pavillon de Flore, à la distance de 266 mètres. La grande ligne de gauche dont nous venons de parler prend naissance au vieux Louvre : ainsi, à son point de départ même, et par cet antique monument, elle se trouve rattachée à la galerie du bord de l'eau ; de plus, elle s'y trouve rattachée encore par deux autres galeries transversales, l'une très-voisine du vieux Louvre, l'autre coupant à peu près en deux parties égales l'intervalle qui reste jusqu'au revers de la nouvelle façade opposée au pavillon de Flore. La grande ligne de droite de 220 mètres est reliée d'une manière analogue à la continuation de la galerie de Rivoli.

Pour se faire une juste idée de l'étendue de ces constructions nouvelles, on peut concevoir que les diverses parties qui les constituent soient détachées avec leurs longueurs individuelles, puis après transportées bout à bout à la suite l'une de l'autre. Alors on trouve qu'elles formeraient une longueur de 920 à 930 mètres; ce n'est pas tout à fait 1 kilomètre, ce qui serait juste trois fois la longueur totale du palais des Tuileries.

Tel est l'ensemble qu'il s'agit de protéger contre la foudre.

Un élément nouveau, qui devait surtout appeler notre attention, est l'emploi presque exclusif du fer, soit pour les charpentes supérieures, soit pour les poutres et les solives de tous les planchers; car les couvertures sont analogues aux anciennes, seulement le zinc y remplace le plomb dans les faîtages et les chéneaux.

Après avoir pris connaissance de l'état des choses, la Commission adopte, d'une manière générale, les anciennes dispositions des paratonnerres du Louvre et des Tuileries, pour ce qui est de la hauteur des tiges, de leur espacement et de la section des conducteurs; mais, pour ce qui se rapporte à la forme des pointes et à la continuité métallique des conducteurs, la Commission confirme les prescriptions qui se trouvent indiquées dans le Supplément approuvé par l'Académie dans sa séance du 18 décembre dernier.

Quant à la communication des conducteurs avec

le réservoir commun, nous la recommandons de nouveau, avec tous nos prédécesseurs, comme une condition absolue qu'il faut remplir à tout prix. Nous ajouterons même sur ce point deux observations qui nous semblent nécessaires.

Premièrement, dans les plus anciennes Instructions sur les paratonnerres, il est dit que les conducteurs doivent communiquer avec les eaux d'une rivière, d'un étang, d'un puits ou du moins avec la terre humide. Cette règle, très-exacte en elle-même, devient souvent fausse dans les applications que l'on en fait. Quelquefois on s'imagine que le *feu du ciel* s'éteint avec de l'eau de la même manière que le feu d'un incendie, et, si l'eau est rare, on se tire d'affaire en l'enfermant dans une citerne bien étanche pour y plonger les conducteurs, croyant ainsi avoir largement satisfait aux règles de la science. C'est là une erreur des plus dangereuses : le conducteur doit communiquer avec le réservoir commun, c'est-à-dire avec de vastes nappes d'eau ayant une étendue beaucoup plus grande que celle des nuages orageux ; l'eau deviendrait elle-même foudroyante, si elle n'avait pas une étendue suffisante. D'autres fois, dans les localités où les puits sont possibles, mais coûteux, on profite de l'alternative laissée par les Instructions : au lieu de faire un puits, on met les conducteurs en communication avec la terre humide, mais l'on ne s'inquiète pas de savoir si cette terre conserve une humidité suffisante aux temps des grandes sécheresses, quand les orages sont le plus à craindre ; on ne s'inquiète pas non plus de savoir si cette couche humide est assez vaste pour ne laisser place à aucun danger. Nous signalons surtout cette seconde erreur, parce qu'elle nous paraît être plus commune encore que la première. Considérant d'ailleurs qu'il est fort difficile de reconnaître si une terre humide satisfait à toutes les conditions de sécurité, nous n'hésitons pas à dire qu'il ne faut jamais récourir à ce mode de communication avec le réservoir commun ; nous recommandons, à défaut de rivières ou de vastes étangs, de mettre toujours les conducteurs des paratonnerres en communication par de larges surfaces avec des nappes d'eau souterraines intarissables. Ce mode exclusif présente aujourd'hui d'autant moins d'inconvénients, que les pratiques du sondage sont devenues faciles et peu dispendieuses.

Secondement, dans certaines circonstances, et surtout quand les nappes d'eau sont à une profondeur un peu considérable au-dessous du sol, nous regardons comme nécessaire d'employer un *conducteur à deux branches* : la *branche principale*, qui descend à la nappe souterraine, **et la** *branche secondaire,* qui, en partant de celle-ci rez terre, est mise en communication avec la surface du sol elle-même. Voici les motifs de cette disposition. Après les grandes sécheresses, les nuages orageux n'exercent leur influence que très-faiblement sur un sol sec et mauvais conducteur, toute l'énergie de leur action se fait sentir à la nappe d'eau profonde : c'est là que la décomposition électrique s'accomplit, et l'électricité attirée vient en suivant la branche principale du conducteur pour s'écouler par la pointe ; la branche secondaire est sans effet. Au contraire, après une pluie d'été, quand le sol vient d'être mouillé, sa couche superficielle est tout à coup rendue conductrice : alors c'est elle qui reçoit l'action des nuages orageux, en même temps elle fait l'office d'un écran qui empêche l'influence électrique de se faire sentir à la nappe souterraine. Dans un tel moment, il est indispensable que la surface du sol communique elle-même directement avec le conducteur, car il peut bien arriver qu'elle n'ait pas avec lui des communications indirectes suffisantes au moyen de la nappe souterraine. La branche secondaire remplit cette condition, tandis que cette fois la branche principale devient inactive.

Cette seconde observation est peu applicable au

sol de Paris, surtout vers les bords de la Seine où l'eau des puits est, sans aucun doute, en bonne communication avec celle de la rivière, et, par conséquent, en bonne communication avec les rues quand elles sont mouillées par la pluie.

Nous pensons donc que, pour les nouvelles constructions du Louvre, on pourra procéder de la manière suivante. Dans chacune des cours il sera creusé un puits à une profondeur telle, que dans les plus grandes sécheresse l'eau y conserve 1 mètre de hauteur. Un tuyau de fonte de 12 à 15 centimètres de diamètre intérieur, recevant l'eau par des ouvertures latérales, s'élèvera du fond du puits jusque vers le niveau du sol; là, le conducteur, après avoir été mis, par une traverse de fer, en communication électrique avec les parois du tuyau, descendra dans son intérieur pour aller plonger au fond de l'eau; son ajustement sera tel, qu'il puisse en être retiré de temps à autre et visité; une dalle à fleur du sol couvrira l'ouverture du puits.

S'il arrive que plusieurs conducteurs doivent aboutir au même puits, on les soudera tous à une barre commune, qui seule devra descendre dans l'eau; alors sa section pourra être portée à 10 ou 12 centimètres carrés.

Il nous reste maintenant une dernière question

à examiner, c'est la question de savoir quel mode
il faut adopter pour mettre en communication les
conducteurs des paratonnerres avec les diverses
pièces métalliques qui entrent dans la construction de l'édifice. Partout, comme nous l'avons
dit, les combles sont de fer, mais l'ordonnance
intérieure exige que, d'après leur destination,
certaines parties du monument n'aient, à pro-
prement parler, qu'un seul plancher, tandis que
d'autres parties comptent plusieurs étages et jusqu'à six planchers superposés. Chaque plancher
peut être considéré comme un grand réseau métallique composé de quelques fortes poutres de
tôle, qui se croisent avec de nombreuses solives
analogues à des rails, lesquelles se croisent à
leur tour avec une multitude de tringles de fer
plus petites; enfin les mailles de ce réseau sont
remplies avec des poteries. En examinant les
effets d'un nuage orageux sur les portions du bâtiment où il se trouve, par exemple, six réseaux
pareils disposés au-dessus les uns des autres, il
est facile de voir que, si la couverture était une
grande feuille de métal continue, elle absorberait
à elle seule toute l'énergie de l'action électrique
du nuage, du moins par rapport aux combles et
aux planchers qui sont au-dessous d'elle, for-
mant ainsi, à leur égard, une sorte d'écran pro-

tecteur. Dans ce cas il suffirait donc, à la rigueur, que la couverture fût intimement reliée aux paratonnerres. Mais la couverture dont nous nous occupons n'est métallique qu'en très-petite partie, on peut dire qu'avec les combles elle ne compose même qu'un réseau à mailles très-larges, par conséquent un écran insuffisant au travers duquel le plancher supérieur peut recevoir encore une action considérable.

D'après cela, nous conseillons les dispositions suivantes :

1°. Les pièces principales des planchers de tous les étages seront mises en communication avec les conducteurs voisins.

2°. Il est très-désirable que toutes les solives des planchers supérieurs soient mises en communication métallique entre elles au moyen d'une tringle boulonnée à chacune et; s'il se peut, soudée à l'étain, laquelle sera elle-même rattachée aux conducteurs.

3°. Il nous paraît probable, d'après les modes d'ajustement, qu'en général les fermes du comble sont en bonne communication les unes avec les autres, au moyen des pannes qui les assemblent et surtout de la panne faîtière, qu'en conséquence il suffira que les tiges de tous les paratonnerres communiquent avec celle-ci. Cependant s'il arrivait, soit par les changements de niveau des faîtages, soit par d'autres raisons, que les communications dont il s'agit pussent laisser quelques doutes, il faudrait y suppléer par des tiges de fer spéciales.

4°. Les chéneaux et les faîtages de zinc seront métalliquement rattachés ou aux tiges ou aux conducteurs des paratonnerres.

Nous remarquerons enfin que celles de ces dispositions qui se rapportent aux chéneaux et aux planchers des divers étages peuvent être exécutées très-facilement, car dans l'épaisseur des murs il a été réservé de grands conduits verticaux destinés à loger les tuyaux de descente des eaux pluviales. Ces conduits sont assez larges pour recevoir en même temps les conducteurs des paratonnerres, qui auront ainsi le double avantage d'être inspectés sans peine et d'être mis en communication à petite distance avec les pièces métalliques de l'intérieur.

Le Rapport est approuvé.

L'Académie décide qu'il sera imprimé à la suite de celui qui a été lu dans la séance du 18 décembre dernier.

RAPPORT
SUR LES POINTES DE PARATONNERRES

PRÉSENTÉES

PAR MM. DELEUIL PÈRE ET FILS (1).

COMMISSION COMPOSÉE

DE MM. BECQUEREL, BABINET, DUHAMEL, DESPRETZ, CAGNIARD DE LATOUR, REGNAULT, DE SENARMONT, POUILLET rapporteur.

La Commission a examiné avec intérêt les pointes de paratonnerres présentées à l'Académie par MM. Deleuil père et fils ; elle trouve que le travail en est tel qu'on pouvait l'attendre de ces habiles constructeurs et qu'il ne laisse rien à désirer. L'une de ces pointes est un cône de platine massif exactement conforme aux indications données dans le Rapport du 18 décembre dernier, l'autre est un cône pareil pour la forme, pour les dimensions et pour toute l'apparence extérieure : seulement il est un peu plus économique, parce qu'il est fait au moyen d'une capsule conique de

(1) Extrait des *Comptes rendus des séances de l'Académie des Sciences,* tome XL, page 520, séance du 5 mars 1855.

platine appliquée, à la soudure forte, sur l'extrémité conique de la tige de fer.

La première disposition est représentée en
coupe et en perspective dans les *fig.* 1 et 2.

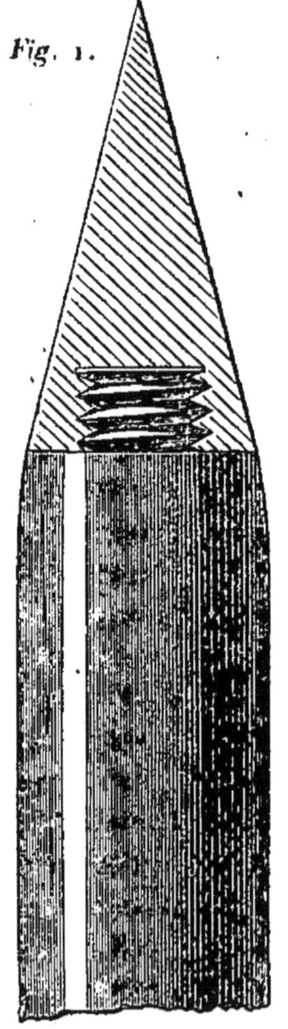

Fig. 1.

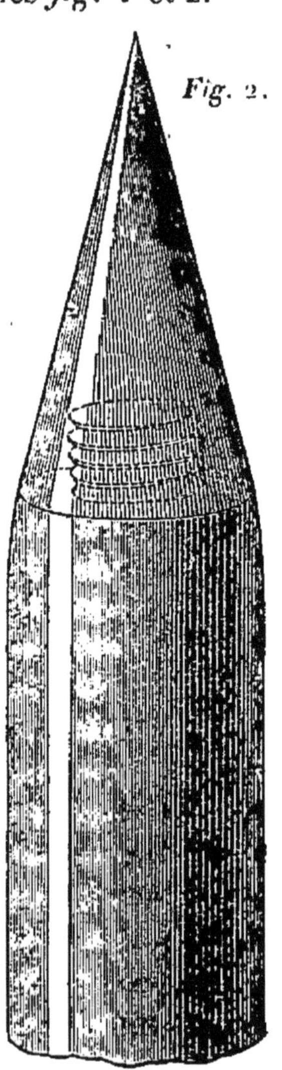

Fig. 2.

La seconde est représentée, aussi en coupe et
en perspective, dans les *fig.* 3 et 4.

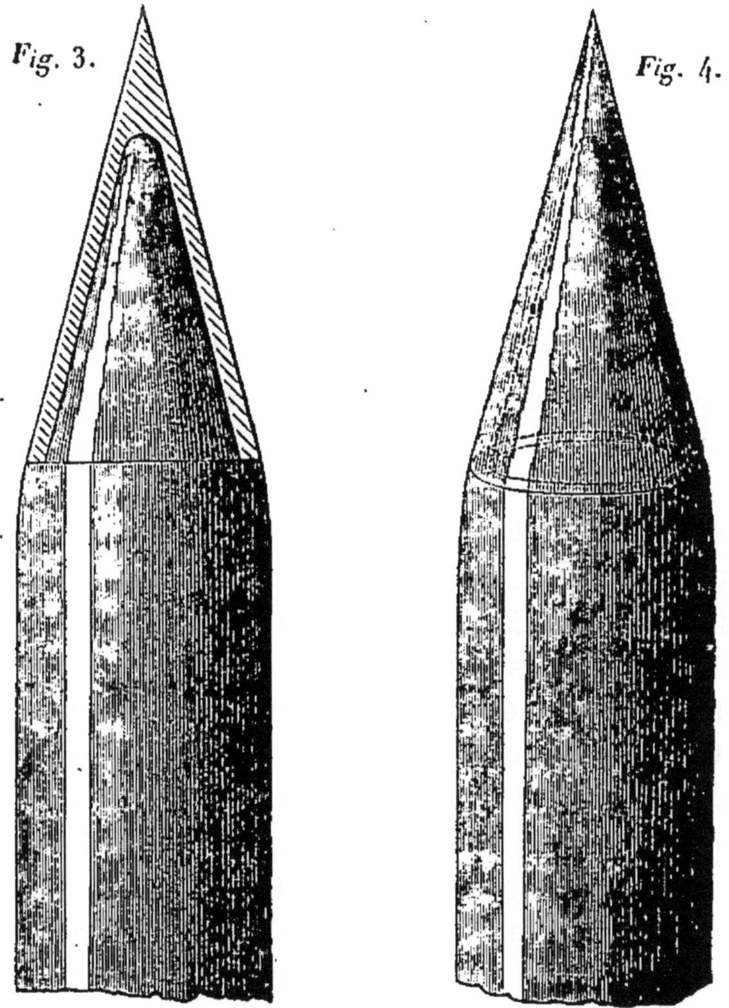

Ces figures sont de grandeur naturelle ; la partie hachée, dans les coupes, indique le platine,

celle qui ne l'est pas indique la partie supérieure
du fer de la tige du paratonnerre : celle-ci est
supposée ronde et de 2 centimètres de diamètre,
le cône a une hauteur double ou 4 centimètres.

Nous pensons que cette seconde disposition ne
doit avoir pour l'usage aucune infériorité sur la
première; mais il faut pour cela qu'elle soit exé-
cutée par un habile ouvrier qui sache réussir
toujours à faire prendre la soudure sur tous les
points de la capsulé, afin qu'elle soit intimement
unie au fer par toute sa surface intérieure.

Nous ajoutons que nous ne verrions aucun inconvénient à substituer au platine le palladium,
ainsi que l'or et l'argent au titre de 950, soit en
cône massif, soit en capsule conique d'une épaisseur suffisante; et nous ne doutons pas que, dans
les ateliers de MM. Deleuil, ces autres pointes ne
soient fabriquées avec la même perfection que les
pointes de platine qu'ils présentent à l'Académie.

Cependant tous ces métaux sont d'un prix
élevé, bien peu d'ouvriers ont l'habitude de les
travailler, ou du moins d'apporter à ce travail la
précision et les soins délicats qui sont ici la condition indispensable du succès. Ces motifs nous
ont ramenés à une proposition qui avait déjà été
discutée dans le sein de la première Commission, et qui consiste à faire simplement la pointe

des paratonnerres avec du cuivre rouge, comme elle est représentée en coupe et en perspective dans les *fig.* 5 et 6, de grandeur naturelle, sauf la brisure qui en réduit la longueur.

Fig. 5.   Fig. 6.

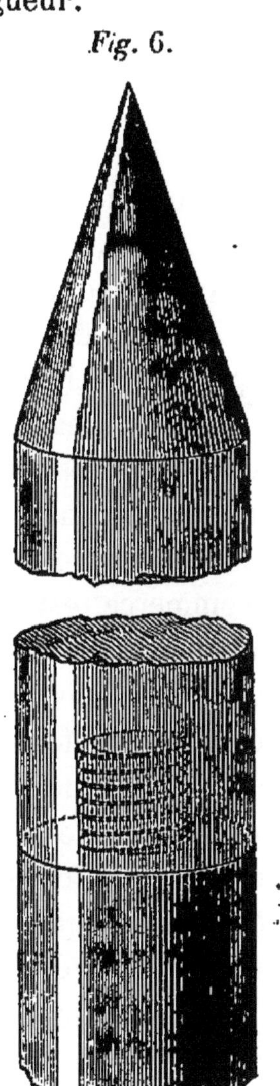

Le cylindre de cuivre rouge a 2 centimètres de diamètre, comme la partie supérieure de la tige de fer du paratonnerre, et il est brasé avec elle pour en faire le prolongement ; sa longueur est d'environ 20 centimètres, et il se termine en haut par un cône de 3 à 4 centimètres de hauteur.

Notre conclusion, à l'égard de cette pointe de cuivre rouge, est que rien ne s'oppose à ce qu'elle soit employée presque avec la même confiance que les précédentes ; si l'on peut craindre qu'elle n'éprouve quelques altérations superficielles de la part des agents atmosphériques, ces inconvénients possibles sont plus que compensés par les avantages suivants :

1°. Le cuivre rouge, tel qu'on le trouve dans le commerce, est, avec le palladium, l'or et l'argent, parmi les meilleurs conducteurs de la chaleur et de l'électricité ; la pointe du cône de ce métal s'échauffera donc beaucoup moins que celle du cône de platine sous l'influence des courants électriques et même des coups de foudre : ainsi, avec la forme que nous lui donnons, il est très-probable qu'elle ne sera ni fondue ni profondément oxydée.

2°. Le paratonnerre à pointe de cuivre rouge n'entraîne qu'à une moindre dépense ; il devient accessible, non-seulement aux communes, mais à la plupart des propriétaires; il peut être fabriqué partout, car il y a sans doute en France bien peu de villages où l'on ne trouve un ouvrier fort capable de travailler et d'ajuster toutes les pièces d'un paratonnerre établi d'après ce système.

Avant que le Rapport soit mis aux voix, M. Despretz, Membre de la Commission, appelle l'attention sur un point relativement auquel il n'a pu partager l'opinion de ses collègues.

« M. Despretz craint que la couche de carbo-
» nate ou de toute autre matière peu conductrice
» dont se couvrira le cuivre plus ou moins, selon
» les localités, n'affaiblisse l'action efficace du
» paratonnerre. Cette crainte porte M. Despretz
» à ne pas approuver la proposition de terminer
» les paratonnerres par une tige en cuivre.

» Il ne pense pas qu'il soit prudent d'aban-
» donner le platine. Il désire donc qu'on termine
» les paratonnerres par un cône en platine ar-
» rondi à sa partie supérieure, et soudé au cuivre
» ou au fer à la soudure forte. La dépense ne lui
» paraît pas devoir dépasser 5o francs pour les
» édifices ordinaires.

» Il croit encore qu'il y a dans tous les chefs-

» lieux de département et dans les ateliers placés
» sous la direction du Ministère de la Guerre ou
» de la Marine, des hommes tout à fait en état
» de souder le platine à la soudure forte. »

Ces observations entendues, ainsi que les réponses de M. Pouillet et de M. Regnault, le Rapport est mis aux voix et adopté.

L'Académie décide aussi que ce Rapport sera imprimé à la suite des précédents, dans le petit volume intitulé : *Instruction sur les paratonnerres adoptée par l'Académie des Sciences.*

TABLE DES MATIÈRES.

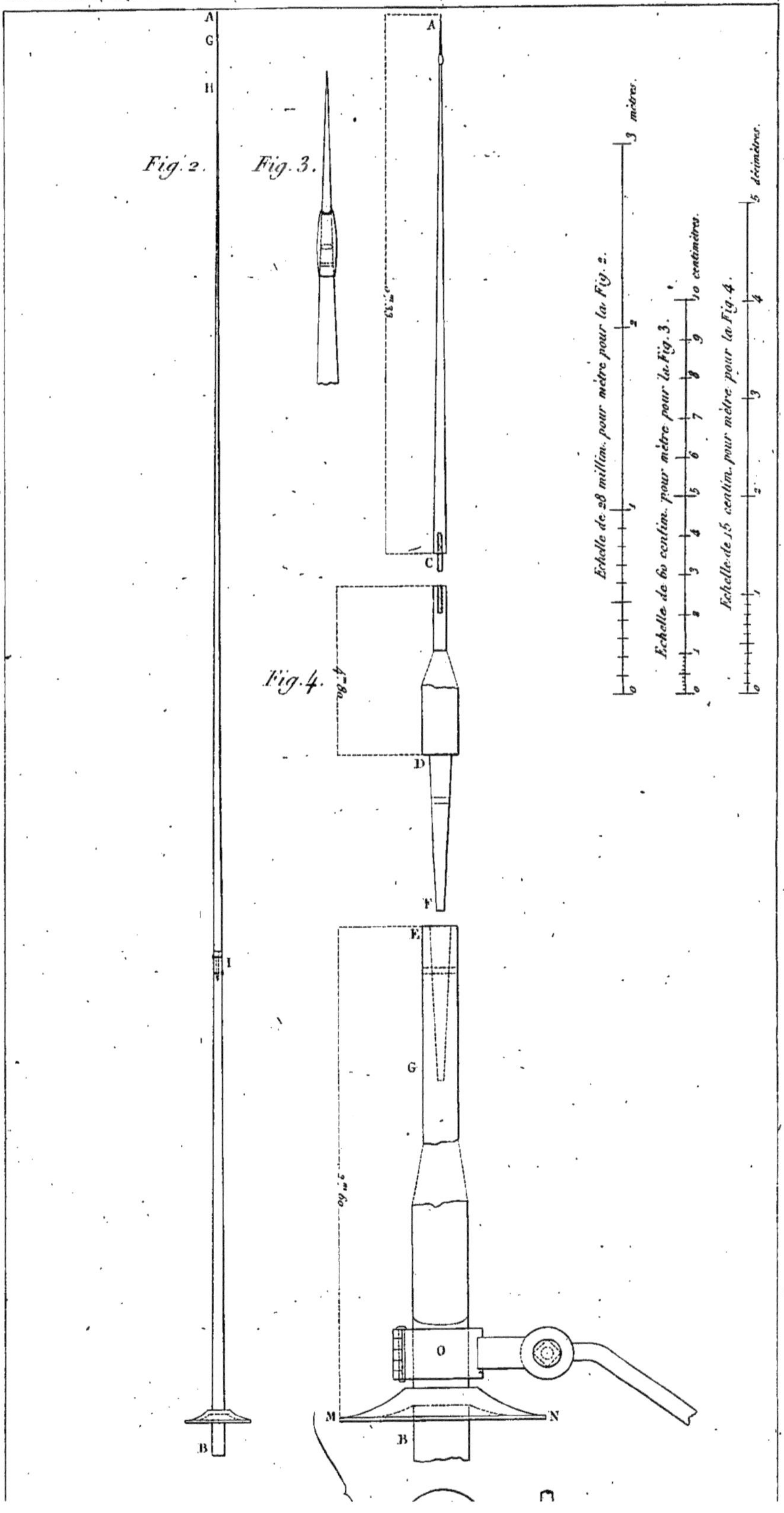

Fig. 2.
Fig. 3.
Fig. 4.
A
G
H
I
B
A
C
D
F
E
G
O
M
N
B
Echelle de 28 millim. pour mètre pour la Fig. 2.
3 mètres.
Echelle de 60 centim. pour mètre pour la Fig. 3.
10 centimètres.
Echelle de 15 centim. pour mètre pour la Fig. 4.
5 décimètres.

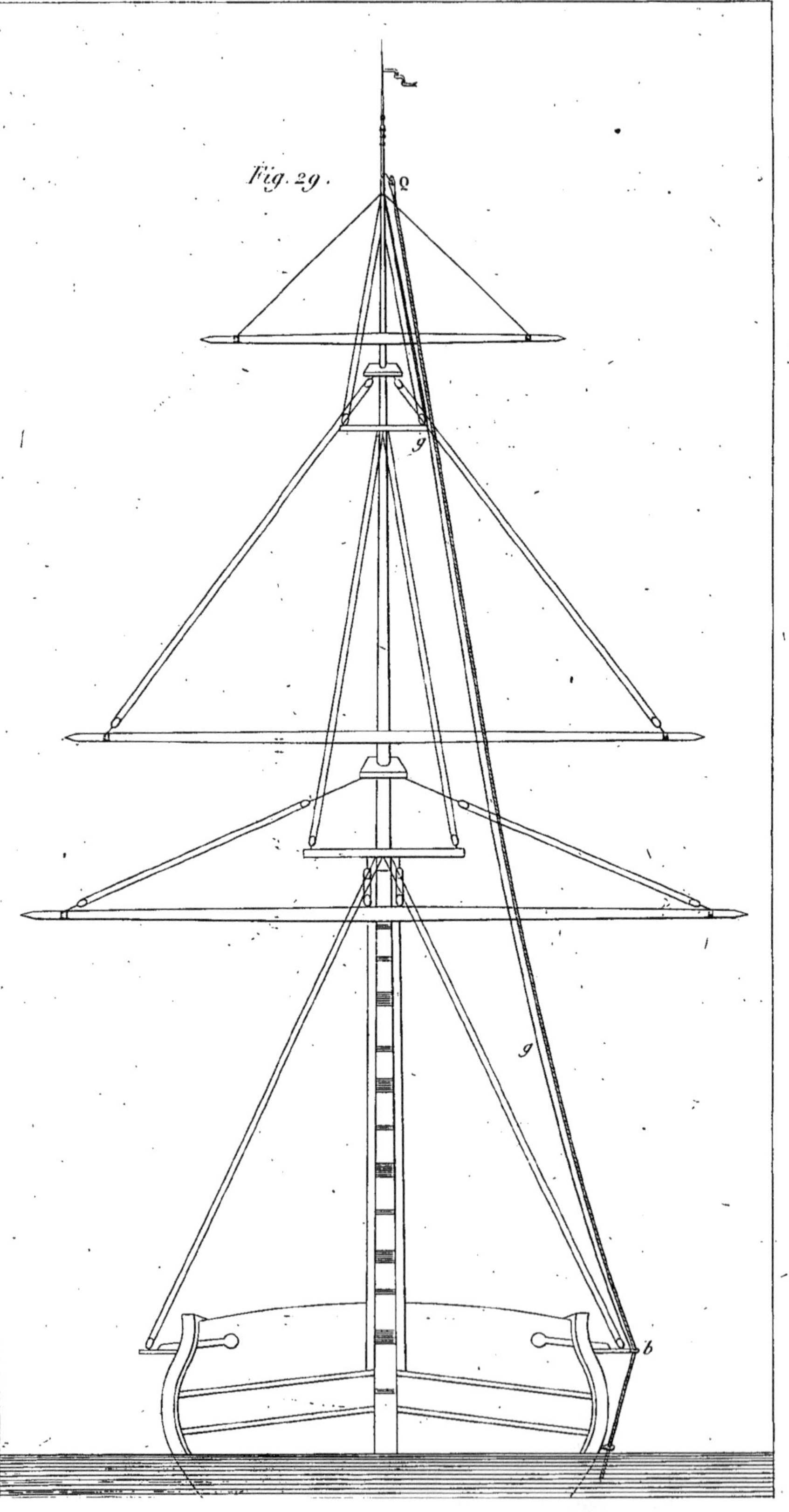

Fig. 29.

Librairie de Mallet-Bachelier,

Quai des Augustins, 55.

COMPTES RENDUS HEBDOMADAIRES DES SÉANCES DE L'ACADÉMIE DES SCIENCES, publiés, conformément à une décision de l'Académie en date du 13 juillet 1835, par MM. *les Secrétaires perpétuels.*

Les **COMPTES RENDUS** paraissent régulièrement le Dimanche, par cahier de 24 à 40 pages. — Ils forment, à la fin de l'année, deux volumes in-4. Deux Tables, l'une par ordre alphabétique de matières, l'autre par ordre alphabétique de noms d'auteurs, terminent chaque volume.

Pour Paris, **20** fr. | les Départements, **30** fr.

L'année 1835 se vend séparément............ 10 fr.

Les années 1836 à 1873, chacune .... 20 fr.

TABLE GÉNÉRALE DES COMPTES RENDUS DES SÉANCES DE L'ACADÉMIE DES SCIENCES. (Table des Auteurs et **Table des Matières** des Tomes 1er à XXXI. — 3 août 1835 à 30 décembre 1850.) Fort vol. in-4 à 2 colonnes. 20 fr.

PARIS. — IMPRIMERIE DE MALLET-BACHELIER, rue du Jardinet, 12.

www.ingramcontent.com/pod-product-compliance
Ingram Content Group UK Ltd.
Pitfield, Milton Keynes, MK11 3LW, UK
UKHW020846120726
13693UKWH00002B/840